RAL · NEU 研究报告　No. 0035

高强耐磨合金化贝氏体球墨铸铁的制备与组织性能研究

轧制技术及连轧自动化国家重点实验室
（东北大学）

U0313866

北　京

冶　金　工　业　出　版　社

2021

内 容 简 介

本书是总结整理国家高技术研究发展计划（863 计划，2012AA03A508）"高强耐磨材料的开发"项目的相关研究成果而成。本书主要内容包括耐磨贝氏体球铁发展现状、合金化贝氏体球铁的制备与组织性能、钒对合金化贝氏体球铁组织和性能的影响、耐磨贝氏体球墨铸铁等温淬火工艺与性能研究、合金化贝氏体球铁回火处理及组织性能研究、含钒合金化球铁深冷处理工艺研究。

本书可供冶金、材料、机械等专业科技人员及高等院校相关专业的师生学习参考。

图书在版编目 (CIP) 数据

高强耐磨合金化贝氏体球墨铸铁的制备与组织性能研究/轧制技术及连轧自动化国家重点实验室（东北大学）著. —北京：冶金工业出版社，2020.6（2021.10 重印）

（RAL·NEU 研究报告）

ISBN 978- 7- 5024- 8408- 8

Ⅰ. ①高…　Ⅱ. ①轧…　Ⅲ. ①球墨铸铁—研究　Ⅳ. ①TG143. 5

中国版本图书馆 CIP 数据核字（2020）第 027390 号

出 版 人　苏长永
地　　址　北京市东城区嵩祝院北巷 39 号　邮编　100009　电话　(010)64027926
网　　址　www. cnmip. com. cn　电子信箱　yjcbs@ cnmip. com. cn
责任编辑　卢　敏　美术编辑　彭子赫　版式设计　孙跃红
责任校对　卿文春　责任印制　李玉山
ISBN 978-7-5024-8408-8
冶金工业出版社出版发行；各地新华书店经销；北京中恒海德彩色印刷有限公司印刷
2020 年 6 月第 1 版，2021 年 10 月第 3 次印刷
710mm×1000mm　1/16；8.75 印张；137 千字；126 页
52. 00 元
冶金工业出版社　投稿电话　(010)64027932　投稿信箱　tougao@cnmip. com. cn
冶金工业出版社营销中心　电话　(010)64044283　传真　(010)64027893
冶金工业出版社天猫旗舰店　yjgycbs. tmall. com
（本书如有印装质量问题，本社营销中心负责退换）

研究项目概述

1. 研究项目背景与立题依据

矿产资源的开发和利用程度是衡量一个国家基础工业实力和工业技术水平的重要标志，也是一个国家工业发展的重要组成部分。矿山机械在采矿、选矿等重要环节中扮演着十分重要的角色，同时，在国民经济的发展中也起到了非常重要的作用。矿山机械产品具有批量小、品种多、工况条件恶劣以及零部件磨损严重等特点；矿山机械按其用途可分为采掘设备、提升设备、矿用车辆、破碎粉磨设备、筛分设备、洗选设备及焙烧设备等七大类。在选矿厂中，碎磨流程存在投资高和耗能大等问题，一般情况下，破碎粉磨设备占选矿厂全部设备投资的 50% 以上，能耗则占选矿厂总能耗的 60%~70%，在一定程度上制约了采矿选矿行业的发展。因此，在选矿厂建造中降低碎磨流程的投资和能耗是选矿厂设计投产中最为重视的问题。就破碎设备而言，种类较为繁多，有颚式破碎、辊式破碎、圆锥破碎、冲击式破碎以及立式冲击破碎等，但一般的破碎设备多存在能耗高、产率低、破碎比小以及产品粒度不均匀等问题。高压辊磨机的出现显著改善了常规破碎设备的诸多不足，很快在矿山机械领域中受到广泛关注。

高压辊磨机是一种新型高效节能粉碎设备，由西德 Schönert 教授基于层压粉碎理论研制发明。20 世纪 80 年代，德国洪堡公司（KHD）和伯力鸠斯公司（Polysius）制造出的高压辊磨机投放市场后，由于具有单机产量高、稳定性好及单位能耗低等优点，在当时取得了非常好的销售业绩。目前，高压辊磨机在矿石粉碎以及水泥生料和熟料等物料粉碎作业中也获得了较为成功的应用。

高压辊磨机的工作原理是，当物料供给到两辊之间时，在强大的径向液压力推动下动辊旋转带动物料向下行进，同时定辊被反向带动旋转，物料在可调节的辊缝中被连续压成料饼，最终达到粉碎的效果。高压辊磨机的物料在辊子工作时被挤压下移；随着辊子间隙的逐步缩小，压力增大，物料经过屈服性破碎过程，渐渐形成料饼或散状颗粒；物料越接近于最小辊间隙，受压越趋于最大，在这个过程中物料和辊子受力是很复杂的，对辊面有强大的破坏和磨损。辊面必须具有高抗拉、压、剪强度和高硬度抗磨蚀能力，而且还要具有一定的韧性，以便缓解挤压中的振动冲击，确保辊面长期使用。而目前研究和开发的难点是辊面磨损层，由于辊面与物料表面直接接触，负荷很大，磨损剥落是其主要的失效形式，研究难度较大，故尚没有理想、简单又比较经济可靠的最佳护层方案。

通过多年的研究和开发，目前高压辊磨机辊面技术主要采用高强耐磨材料堆焊辊面，有一字纹、人字纹、棱形纹、锯齿纹、网点花等多种形式，焊接辊面一般每一二个月补焊一次，使用 4000～8000h 后必须更换辊子。这种辊面作为矿山矿物的压辊使用时，其寿命更短。目前国外的高压辊磨机全部采用碳化钨作为辊面材料，并采用柱钉式辊面结构，这种辊面耐磨性能良好。由于高压辊磨机实际工况环境恶劣，在使用过程中辊面的失效多源于辊面基体材料的耐磨性与抗压强度不足，从而导致辊面的局部或整体磨损严重；因此，对于大型高压辊磨机硬质合金镶嵌辊面基体材料的选取与辊面的制备，是提高辊面材料性能、延长其使用寿命的关键因素，也是目前高压辊磨机应用中最为亟待解决的问题。

近年来，由于具有低廉的制造成本以及优良的力学性能和耐磨性，贝氏体球墨铸铁被广泛应用于耐磨损的零部件中，尤其是在大型辊压机的辊套中。通过一系列工艺过程参数的控制，如控制冷速和控制热处理工艺参数等，可以获得贝氏体组织和理想的力学性能。但由于以上方法的成本较高及生产周期较长，耐磨性依然有待提高，尤其大断面的贝氏体球墨铸铁的制备工艺复杂、技术含量高且制造难度大等因素，国内还鲜有企业能够工业化生产。

含碳化物的贝氏体球墨铸铁（CADI）是近几年来由等温淬火球墨铸铁（ADI）派生出的一种新型的球铁材料，拥有 ADI 的各种优越性能。CADI 中的附加相碳化物的存在，使得球铁的硬度和耐磨性得到大幅度提高。作为一种机械工程材料，CADI 具有重大的经济意义和广泛的发展空间。国外已经有企业成功地将高强耐磨贝氏体球墨铸铁应用于大型矿山的高压辊磨机辊面材料中，且取得了较好的使用效果。而在国内，由于成分设计、制备工艺、热

处理等技术的限制并未被广泛推广应用。这种材料的研究还主要集中在使用效果的评价方面，有时所得结果相差较大；同时由于对合金化及热处理等强化机理还没有明确的认识，使得材料的设计、热处理工艺的制定及推广应用等缺乏理论指导。

基于上述背景，本研究依托于国家高技术研究发展计划（863 计划）"高性能耐磨材料开发"项目（项目编号：2012AA03A508），其目标是开发出高性能、低成本基于多元合金协同作用的新型高强耐磨贝氏体球墨铸铁，使其耐磨性较传统耐磨材料得以大幅度提高。为此，需要对合金贝氏体球墨铸铁合金成分进行设计，开展贝氏体球墨铸铁的等温淬火热处理及其相变和强韧化机理研究；并引入深冷处理及优化其工艺，对深冷强化机理进行深入了解，最终达到材料在高应力作用下抗磨料磨损的要求。

2. 研究进展与成果

本研究通过对高强耐磨贝氏体球墨铸铁的成分设计与优化实现了高强耐磨环形铸件的凝固成形与控制，从而获得基体组织与耐磨相在尺寸、形状、体积分数等方面的合理匹配，为大型高效节能耐磨用贝氏体球墨铸铁的研制开发提供了核心技术。在此基础上，我们系统研究了大规格高强耐磨贝氏体球墨铸铁环件的热处理方法，并对热处理后新型耐磨贝氏体球墨铸铁的耐磨性能等做出评价。为了进一步提高等温淬火合金化贝氏体球墨铸铁的力学性能，我们还研究了深冷以及深冷结合传统热处理工艺对其组织和力学性能的影响，分析了深冷强化机理。具体研究进展如下：

（1）设计了合金成分，并利用 Thermo-Calc 软件计算了合金平衡相图；通过离心铸造制备了具有良好力学性能的大断面合金化贝氏体球墨铸铁。化学成分（质量分数）范围为：3.4%~3.5%C，1.9%~2.1%Si，0.3%~0.35%Mn，0.8%~0.85%Mo，0.7%~0.8%Cu，3.5%~3.6%Ni，0.6%~0.65%Cr，余下的为 Fe，其耐磨性是商用高铬铸铁的两倍。

（2）揭示了 V 对 Mo-Ni-Cu-Cr 系合金化贝氏体球墨铸铁显微组织和力学性能的影响规律。发现 V 可以细化组织中的针状贝氏体，纳米尺度的 VC 颗粒弥散分布在贝氏体基体中，有助于其硬度、冲击韧性和耐磨性的提高，其机制为细晶强化和析出强化。

（3）在实验的基础上确定了获得力学性能优异的含 V 合金化球墨铸铁的等温淬火工艺。当等温淬火温度为 300℃及保温 2h，其贝氏体组织明显细化，马氏体量减少，奥氏体量增加；硬度达 62.8HRC，抗压强度为 3000MPa，耐磨性良好。

（4）获得了等温淬火合金化贝氏体球墨铸铁回火过程中的组织演变规律及机理，包括孪晶马氏体及其位错亚结构的回复与再结晶软化、残余奥氏体的分解、马氏体中过饱和碳的脱溶与相变以及共晶渗碳体的转变等过程。

（5）提出深冷处理工艺可以对等温淬火合金化贝氏体球墨铸铁进行强化，并揭示了其中的强化机制。深冷处理可以促进残余奥氏体转变为片状马氏体及更细小的碳化物析出；深冷处理后施加回火易使基体中析出的碳化物发生 Ostwald 熟化，出现过回火软化现象。

现已取得如下成果：

（1）发表论文 12 篇，专利 3 项。

（2）企业标准 1 项。

成都利君实业股份有限公司标准：耐磨轴套执行规范，标准号：LJB022—2016。

（3）科技成果鉴定 1 项。

高压辊磨机用高强耐磨辊面材料研发及应用（辽机鉴字〔2016〕第 005 号），辽宁省机械工程学会，2016 年 12 月 6 日。

（4）应用情况：已经研发出合金化贝氏体球墨铸铁耐磨辊套材料，并获得国家发明专利，同时在成都利君实业股份有限公司生产的高压辊磨机产品上获得应用。φ2000mm 的合金化贝氏体球墨铸铁辊套在辽宁罕王集团毛公山铁矿获得使用，目前辊套运行状态良好。与以往产品相比，其磨损量较小，使用寿命获得大幅度提高，完全可以满足高压辊磨机设备批量生产的需求。

3. 论文与专利

论文：

（1）Junjun Cui, Hongyun Zhang, Liqing Chen, Weiping Tong. Microstructure and mechanical properties of a wear-resistant as-cast alloyed bainite ductile iron [J]. Acta Metallurgical Sinica (English Letters), 2014, 27（3）：476~482.

（2）Junjun Cui, Liqing Chen. Microstructures and mechanical properties of a wear-resistant alloyed ductile iron austempered at various temperatures ［J］. Metallurgical and Materials Transactions A, 2015, 46（8）：3627~3634.

（3）崔君军，陈礼清，李海智，佟伟平. 等温淬火低合金贝氏体球墨铸铁的回火组织与力学性能 ［J］. 金属学报，2016，52（7）：778~786.

（4）崔君军，陈礼清. 钒对合金化贝氏体球墨铸铁组织和性能的影响 ［J］. 机械工程材料，2016，40（10）：60~64.

（5）Liqing Chen, Junjun Cui, Weiping Tong. Effect of deep cryogenic treatment and tempering on microstructures and mechanical behaviors of a wear-resistant austempered alloyed bainitic ductile iron ［C］. 4th International Conference on New Forming Technology（ICNFT2015），August 5-11, 2015, Glasgow, UK, MATEC Web of Conferences 21, 08008（2015）.

（6）崔君军，赵阳，陈礼清，李海智. 回火处理对等温淬火低合金贝氏体球墨铸铁组织和性能的影响 ［C］. 材料科学与加工技术暨高品质特殊钢技术开发课题研讨会论文集，沈阳，2014：77~81.

（7）Junjun Cui, Liqing Chen. Microstructure and abrasive wear resistance of an alloyed ductile iron subjected to deep cryogenic and austempering treatments ［J］. Journal of Materials Science and Technology, 2017, 33（12）：1549~1554.（SCI/EI）

（8）Junjun Cui, Liqing Chen. Influence of austempering process on microstructures and mechanical properties of V-containing bainitic ductile iron ［J］. Journal of Iron and Steel Research International, 2018, 25（1）：81~89.（SCI）（SCI/EI）

（9）崔君军，张雅静，王琳琳，张国志. 耐海水腐蚀球墨铸铁成分优化设计及其抗蚀性能 ［J］. 中国腐蚀与防护学报，2014，34（6）：537~543.

（10）Haizhi Li, Weiping Tong, Junjun Cui, Hui Zhang, Liqing Chen, Liang Zuo. Heat treatment of centrifugally cast high vanadium alloy steel for high-pressure grinding roller ［J］. Acta Metallurgical Sinica（English Letters），27（2014）：430~435.

（11）Haizhi Li, Weiping Tong, Junjun Cui, Hui Zhang, Liqing Chen, Liang

Zuo. The influence of deep cryogenic treatment on the properties of high-vanadium alloy steel [J]. Materials Science and Engineering A, 662 (2016): 356~362.

（12）李海智，沈德鹏，杨旭，崔君军，佟伟平. 深冷处理对高钒合金钢组织和性能的影响 [C]. 材料科学与加工技术暨高品质特殊钢技术开发课题研讨会论文集，沈阳，2014: 39~44.

专利：

（1）陈礼清，崔君军，何亚民，李海智，佟伟平，左良，魏勇，徐智平. 一种高压辊磨机的合金贝氏体球墨铸铁辊面及其制备方法. 中国国家发明专利，专利号：ZL 2015 1 0481432. 3.

（2）佟伟平，李海智，何亚民，崔君军，陈礼清，左良，魏勇，徐智平. 一种用于粉碎矿石的高压辊磨机辊面材料及辊面制备方法. 中国国家发明专利，专利号：ZL 2014 1 0035953. 1.

（3）佟伟平，李海智，何亚民，崔君军，陈礼清，左良，魏勇，徐智平. 一种高压辊磨机镶铸辊面及其制备方法. 中国国家发明专利，专利号：ZL 2015 1 0298824. 6.

4. 项目完成人员

主要完成人	职称（学位）	单 位
陈礼清	教授	东北大学 RAL 国家重点实验室
崔君军	博士后	东北大学 RAL 国家重点实验室
张红云	硕士	东北大学 RAL 国家重点实验室
张 松	硕士	东北大学 RAL 国家重点实验室
佟伟平	教授	东北大学 EPM 教育部重点实验室
李海智	博士	东北大学 EPM 教育部重点实验室

5. 报告执笔人

崔君军，陈礼清。

6. 致谢

该研究是在项目组全体成员的共同努力下完成的，同时也离不开东北大学轧制技术及连轧自动化国家实验室领导、同事以及合作企业的相关领导和技术人员的帮助和支持。衷心感谢轧制技术及连轧自动化国家重点实验室为项目提供了便利的工作环境和坚实的硬件基础。感谢国家高技术研究发展计划（863计划）（项目号：2012AA03A508）对高强耐磨合金化贝氏体球墨铸铁研究的资助。

特别感谢合作企业的相关领导和工程技术人员。感谢成都利君实业有限公司何亚民经理、魏勇经理、徐智平经理、丁亚卓博士等，在项目实施过程中，这些领导和工程技术人员在耐磨贝氏体球墨铸铁的组织和性能的理论研究上给予了十分重要的帮助与支持。感谢鞍山钢铁集团公司轧辊厂王素红高级工程师、张朋高级工程师等在耐磨贝氏体球墨铸铁成分设计、制造等方面提供的重要支持与帮助。谨向上述合作企业的领导和工程技术人员表示我们由衷谢意。

最后，感谢实验室的高翔宇、王佳夫、薛文颖、吴红艳、李成刚、田浩、张维娜等老师对本项目多年来实施过程中给予的热情帮助和支持。

目　录

摘　　要

　　由于制造成本低以及具有良好的力学性能，特别是具有优异的耐磨性，贝氏体球墨铸铁被广泛应用于各工业领域，尤其是矿山机械中大型矿石粉碎机中的高磨损部件。含碳化物的贝氏体球墨铸铁是由等温淬火球墨铸铁派生出的一种新型球墨铸铁材料，不仅具有等温淬火球墨铸铁的各种优越性能，而且还拥有更加卓越的耐磨性，是一种应用前景十分广阔的机械工程材料。然而，对于大断面贝氏体球墨铸铁材料，尤其是含 V 的大断面合金化贝氏体球墨铸铁材料及其等温淬火工艺，我国目前缺乏系统深入的理论和工艺研究，影响其在矿山行业大型破碎机械中的应用。本研究采用合金化方法，设计了基于多元合金协同作用的高性能和低成本的大断面新型低合金 Mo-Ni-Cu-Cr 系耐磨贝氏体球墨铸铁，对比研究了 V 的添加在贝氏体球墨铸铁中的作用，分析了其凝固过程中的组织演变机理。对含 V 和不含 V 的两种大断面 Mo-Ni-Cu-Cr 系合金化贝氏体球墨铸铁进行了等温淬火、回火以及碳化物团球化工艺处理，对其相变机制、力学性能以及磨料磨损性能等进行了研究，获得了优化的等温淬火、回火及碳化物团球化工艺。本研究还就深冷处理以及常规热处理对合金化贝氏体球墨铸铁组织和耐磨性的影响及其机理开展了研究，为进一步扩大合金化贝氏体球墨铸铁的应用奠定了工艺基础。主要内容及结果如下：

　　（1）在保证设计合金元素使球墨铸铁获得贝氏体组织和具有较高淬透性的前提下，利用 Thermo-Calc 热力学软件对合金元素 Si 的含量进行了优化，并通过离心铸造工艺制备了具有良好力学性能的合金化贝氏体球墨铸铁，研究了铸态合金化贝氏体球墨铸铁组织中贝氏体形成的特点，测定了其 CCT 曲线以及力学性能。结果表明，设计的合金化贝氏体球墨铸铁的化学成分（质量分数）为：3.4%～3.5%C，1.9%～2.1%Si，0.3%～0.35%Mn，0.8%～0.85%Mo，0.7%～0.8%Cu，3.5%～3.6%Ni，0.6%～0.65%Cr，余下的为 Fe；贝氏体组织是由铁素体片组成，铁素体片相界被薄膜状残余奥氏体隔离开，未发现脆性的渗碳体相。铸态下该球墨铸铁的硬度和抗压强度分别是52HRC 和 2200MPa，具有较高的耐磨性。

（2）在 Mo-Ni-Cu-Cr 系合金化贝氏体球墨铸铁中添加了 0.3%（质量分数）的 V，研究了 V 对该球墨铸铁显微组织和力学性能的影响，分析了 V 的析出行为。结果表明：含 V 的 Mo-Ni-Cu-Cr 系合金化贝氏体球墨铸铁组织中针状贝氏体变得细小，残余奥氏体和渗碳体含量增加，在贝氏体基体中弥散分布着纳米尺度的 VC 颗粒。V 的添加提高了硬度，使冲击功和耐磨性提高了近 1 倍，其磨损机制为塑性变形疲劳和显微切削，其强化机制为细晶强化和析出强化。

（3）用 JMatPro 软件计算了合金化球墨铸铁的 TTT 曲线，研究了等温淬火工艺对其组织、硬度、抗压强度和磨料磨损性能的影响。结果表明，随着等温淬火温度的升高，不含 V 合金化贝氏体球墨铸铁组织中铁素体的含量增加，而奥氏体的含量及奥氏体中固溶的碳含量增加；硬度逐渐降低而抗压强度增加。奥氏体含量增加以及奥氏体和铁素体的粗化导致硬度降低，马氏体转变减少导致抗压强度增加。当等温淬火温度为 325℃ 时，合金化球墨铸铁拥有较好的耐磨性，其磨损机制为显微切削和塑性变形。对不含 V 和含 V 的合金化贝氏体球墨铸铁进行不同保温时间的等温淬火处理，结果表明，当等温淬火保温 2h，含 V 的合金化球墨铸铁的转变产物贝氏体（奥铁体）明显细化，马氏体含量减少，稳定的奥氏体含量增加；硬度高达 62.8HRC，抗压强度高达 3000MPa。在相同的等温淬火工艺条件下，不含 V 的合金化球墨铸铁的硬度和抗压强度降低，分别为 56.8HRC 和 2320MPa；V 的添加使合金化贝氏体球墨铸铁热处理最佳工艺带（OPW）变窄。

（4）对等温淬火合金化贝氏体球墨铸铁实施不同温度的回火热处理工艺，研究了回火温度对其组织演变的影响，并对力学性能进行了测试与分析。结果表明，回火过程组织演变的物理机制包括孪晶马氏体及其位错亚结构的回复与再结晶软化、残余奥氏体分解、马氏体中过饱和碳的脱溶与相变以及共晶渗碳体的转变等过程。在 450℃ 回火后，共晶渗碳体的显微硬度出现最低值，压缩率最高，塑性提高，具有较好的耐磨性，析出的弥散 Mo_2C 对耐磨性有一定贡献；磨损机制为塑性变形疲劳磨损和显微切削，塑性变形疲劳机制对耐磨性的贡献大于切削破坏机制。

（5）为进一步提高等温淬火合金化球墨铸铁的力学性能，研究了深冷以及深冷结合传统热处理工艺对其组织和力学性能的影响。采用回火、回火+深冷、深冷+回火三种工艺处理的结果表明，在450℃回火2h，再在-196℃深冷处理3h以后，合金化球墨铸铁组织中的马氏体明显细化，析出弥散的碳化物，并具有较高的硬度和耐磨性；其磨损机制主要是显微切削并伴随着塑性变形磨损。当贝氏体球墨铸铁经过不同保温时间深冷处理后，随着深冷保温时间的增加，奥氏体的含量减少，马氏体和析出的碳化物含量增加。经过深冷处理6h后，贝氏体球墨铸铁拥有最高的硬度、抗压强度和耐磨性，这主要归因于片状马氏体的形成和更细小的碳化物的析出。当深冷处理保温时间增加到12h时，硬度和抗压强度略有降低，主要源于M_3C型碳化物的溶解。与未回火的试样相比，经过4h深冷处理及回火处理的样品，其力学性能有所降低，其原因是析出的碳化物发生了Ostwald熟化。等温淬火合金化球墨铸铁经过深冷处理后的磨损机制主要是显微切削磨损，并伴有一些塑性变形疲劳磨损。

关键词：合金化贝氏体球墨铸铁；等温淬火；回火处理；深冷处理；组织演变；力学性能；磨损机制

1 耐磨贝氏体球铁发展现状

1.1 引言

在冶金、矿山、港口、电力、煤炭、建材及军事等领域，许多工件及设备由于磨损而迅速失效。材料磨损虽然很少引起金属工件灾难性的危害，但其造成的经济损失却是相当惊人的[1]。对一个工业国家而言，每年因磨损造成的经济损失一般占 GDP 的 1%以上。据统计，在 2013 年，我国年消耗金属耐磨材料达 300 万吨以上，其中因磨损造成球磨机磨球消耗近 180 万吨，球磨机和各种破碎机衬板消耗近 30 万吨，轧辊消耗近 50 万吨，各种工程挖掘机和装载机斗齿、各种耐磨输送管道、各种破碎机锤头和颚板、各种履带板消耗也超过 50 万吨[2]。在各类磨损中，磨料磨损又占有主要的地位，在金属磨损总量中占 50%以上，磨料磨损已成为许多工业部门设备失效或材料破坏的一个重要因素，也是造成经济损失最多的因素。因此，研究和开发新型耐磨材料，减少金属磨损，对国民经济建设具有重要的意义。

耐磨材料一般包括奥氏体锰钢、合金铸铁、低合金耐磨钢、耐磨合金和硬质合金等，它们具有各自的特点。随着技术的进步，这些材料正逐渐向新型多样化和合金化的方向发展。由于贝氏体球墨铸铁具有良好的强韧性、耐磨性以及较低的制造成本，近年来在工业耐磨零部件中获得了广泛应用[3]。耐磨贝氏体球墨铸铁通过等温淬火热处理或加入合金元素，使基体转变为贝氏体/铁素体，且基体组织上分布着残余奥氏体，其具有强度高、塑性好以及弯曲和接触疲劳等动载性能高的优点，在国内外已被用于齿轮、凸轮轴、汽车牵引钩等易磨损件上[4]。

有研究表明[5~8]，深冷处理可以进一步提高贝氏体球墨铸铁耐磨性及延长使用寿命，是一种有效改善材料性能的低成本工艺。为了扩大贝氏体球墨铸铁的应用范围，有必要对其成分设计、制备工艺、热处理/深冷处理等进行

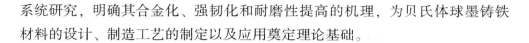

系统研究，明确其合金化、强韧化和耐磨性提高的机理，为贝氏体球墨铸铁材料的设计、制造工艺的制定以及应用奠定理论基础。

1.2　钢铁耐磨材料概况

钢铁耐磨材料是耐磨材料中的主要大类。针对年用量约 300 万吨耐磨钢铁件的市场，我国形成了钢铁耐磨材料产业，已大批量生产了奥氏体耐磨锰钢、耐磨白口铸铁、铁基复合材料耐磨钢、耐磨合金钢和耐磨球铁五大系列耐磨钢铁件[9]。

1.2.1　奥氏体耐磨锰钢

奥氏体锰钢以高韧性和易加工著称。目前，国内外生产和应用的奥氏体锰钢仍以 Mn13 系列为主，其化学成分为：$w(C) = 1.0\% \sim 1.4\%$，$w(Mn) = 11\% \sim 14\%$，经 $1000 \sim 1050℃$ 水韧处理，可获得单一奥氏体组织[10]。迄今在大冲击载荷磨料磨损工况（如圆锥式破碎机轧臼壁和破碎壁、旋回式破碎机衬板、大中型颚式破碎机颚板以及大中型湿式矿山球磨机衬板）下，仍主要选用奥氏体锰钢。日本、美国等一些国家较推崇屈服强度和耐磨性较高的 Mn13Cr2 耐磨钢[11]，而我国在 20 世纪 50 ~ 60 年代把高锰钢作为耐磨材料使用。但是，在生产实践中发现，只有在冲击大、应力高、磨料硬的情况下，高锰钢才耐磨，而且其屈服强度低，易于变形。

近年来，奥氏体锰钢的技术进步主要表现在生产过程中对影响性能的 Si、P 含量进行严格控制，特别是对 P 含量的限制；另外，为减少铸造高锰钢夹渣、柱状晶和晶粒粗大的现象，V、Ti、Nb 和 Re 等微量元素也常用于高锰钢中。被称为超高锰钢的 Mn17（Mn18）和 Mn25 等有利于解决厚大断面锰钢水韧处理后内部易出现碳化物而降低韧性的问题，也利于解决锰钢件低温工况使用可能脆断的问题[12]。但在大冲击载荷磨料磨损工况下，超高锰钢的耐磨性和性价比以及相关的 Mn、C 和 Mn/C 选择，特别是在低应力磨损条件下的低寿命等关键问题，还有待进一步深入研究，并需要在不同工况条件下开展广泛的实践验证。

1.2.2　铬系白口铸铁

耐磨白口铸铁的发展分为普通白口铸铁、镍硬铸铁和高铬白口铸铁 3 个阶段，铬系白口铸铁目前仍是国内外耐磨铸铁的主流。Cr15、Cr20 及 Cr26 系列高铬耐磨铸铁在美国、日本和我国均已得到大批量的生产和应用[13]。我国在高铬铸铁基础上又研究了中铬硅耐磨铸铁和适于铸态应用的低铬耐磨铸铁，并已批量生产和工业应用。

高铬铸铁凝固后的组织为（Fe，Cr）$_7$C$_3$型碳化物和 γ 相，当基体全部为马氏体时，这种合金的耐磨性能最好。如果基体中存在残余奥氏体，通常要进行热处理；与普通白口铸铁相比，低铬合金白口铸铁中的碳化物稳定性更好。

在铬系白口铸铁的研究中，人们往往认为其越硬越耐磨。但实际上，盲目追求高硬度并不一定能取得理想的效果，反而会大幅度提高成本、造成浪费。有实验表明[14]，高铬铸铁在接近 90°角冲蚀磨损时，其耐磨性还不如 20 钢。高铬白口铸铁磨球在干磨条件下具有优异的耐磨性能，但在矿山湿磨方面其优越性并不明显，加之成本较高，在矿山湿磨条件下应用受到限制。低铬白口铸铁磨球成本较低，有一定的耐磨性，但质量不稳定，表现为使用性能波动大，磨后磨球失圆，特别是其具有较高的碎球率。

1.2.3　钢铁基耐磨复合材料

钢铁基耐磨复合材料是以钢为黏结金属、以难熔金属碳化物作为硬质相的材料，在一些严酷的磨损工况中得到了工业应用[15]。其组织特点是微细硬质陶瓷颗粒均匀分散于钢基体中，兼有硬质化合物的硬度、耐磨性和钢的强度和韧性，处于普通硬质合金和钢的中间地位。黏结剂最常使用的添加元素有镍、铬等稀缺金属，且需要采用粉末冶金方法、浸渍法、热压法、热等静压法、喷射成形法、混合搅拌铸造法及等离子熔融粉末法等加工方法制备，制造方法成本较高。

1.2.4　中低合金耐磨钢

中低合金耐磨钢具有良好的耐磨性，能提供较高的硬度和足够的韧性。研究结果表明[16]：（1）板条马氏体在准解理断裂时有较小的断裂单元和较多的撕裂等消耗断裂功，从而提高了韧性；（2）下贝氏体以不同位向的铁素体板条为最小断裂单元，其韧性较相同硬度的回火马氏体高；（3）残余奥氏体存在于马氏体或下贝氏体组织中，能使应力松弛，阻碍裂纹扩展，材料断裂时吸收能量增加，而使韧性得到改善；（4）细小弥散分布的碳化物对耐磨性有利。

中低合金耐磨钢中淬硬态的组织有马氏体（板条状、片状）、贝氏体、残余奥氏体和碳化物。这类钢的合金元素含量（质量分数）较低，一般低合金钢为 3%～15%，中合金钢为 6%～18%，而且所加合金元素国内资源丰富，易于推广应用；具有较高硬度、足够韧性的综合性能，在硬度大于 50HRC 的情况下，韧性 a_K 值可达 20～40J/cm^2，可在较大范围内控制硬度和韧性的匹配关系，在各类磨料磨损工况条件下均可获得较好的耐磨性，有广阔的应用前景和推广意义。

1.2.5 奥贝球铁系列耐磨铸铁

由于制造成本低、力学性能和耐磨性优良，贝氏体球墨铸铁（亦称作等温淬火球墨铸铁、奥贝球墨铸铁）在国内外已被用于齿轮、凸轮轴、汽车牵引钩以及采矿工业中大型辊压机等易磨损件中[3]。贝氏体-马氏体耐磨球铁通过等温淬火热处理或加入合金元素，使基体转变为贝氏体（铁素体基体上分布着残余奥氏体的组织），具有良好的综合力学性能。

在矿山湿磨条件下，抗磨贝氏体球墨铸铁磨球磨耗为每吨矿石 210～800g，是锻钢球磨耗的 1/5～1/3，与国外合金钢球相当。魏德强[17]利用铸造余热分步等温淬火热处理工艺对低合金（Mo、Mn、Cu、Cr）贝氏体球墨铸铁磨球进行了处理，结果表明，贝氏体球铁磨球表现出优良的使用性能，其突出的特点是实现了高硬度和高韧性的良好配合，相对耐磨性略低于高铬球，远远高于其他种类的磨球，其使用寿命是锻钢球的 8～10 倍、中锰球的 2～4 倍、低合金球的 1～3 倍，且破碎率低（小于 0.5%）。与高铬球相比，其质量水平相当，但生产成本只是高铬球的 0.7～0.8 倍，破碎率是高铬球的 1/5，经济性好于高铬球，是锻钢球的 5～6 倍。

随着等温淬火球墨铸铁（austempered ductile iron，ADI）磨损件在工程机械零部件中的广泛应用，对其磨损性能的要求也越来越高。所以，提高 ADI 的耐磨性，需要进一步提高其硬度，这样，含碳化物的等温淬火球墨铸铁（carbidic austempered ductile iron，CADI）便进入了人们的视线，CADI 中附加相碳化物的存在，使得球墨铸铁的硬度和耐磨性得到大幅提升[18]。CADI 的耐磨性比 ADI 高，而塑韧性比相同磨损性能的高合金抗磨铸铁优异，作为一种工程材料具有重大的经济意义和广泛的发展空间。

1.3　贝氏体球墨铸铁发展现状及强化机制

奥贝球铁是球墨铸铁在等温淬火条件下得到的，因此也称等温淬火球墨铸铁，是一种力学性能范围很宽的高级铸铁。高强度、高韧性和较好的塑性是其主要特点。近年来各国在工业中应用的等温淬火球墨铸铁，按其组织和性能大致可分为三类：（1）以下贝氏体和少量马氏体为主要基体的硬级贝氏体球墨铸铁；（2）以下贝氏体为主要基体的半硬级贝氏体球墨铸铁；（3）以奥氏体和上贝氏体为主要基体的韧性贝氏体球墨铸铁。工业中应用的等温淬火球墨铸铁主要特征见表 1-1[19]。

表 1-1　工业中应用的等温淬火球墨铸铁的分类

名称	硬度（HB）	抗拉强度/MPa	屈服强度/MPa	伸长率/%	盐浴温度/℃	组织	合金元素
硬级	430~530	≥1300	≥1000	≥0.5	<250	下贝氏体，少量马氏体	Mn
半硬级	350~480	≥1200	≥800	≥2	270~330	下贝氏体	Mn, Cr, Ni, Mo
韧性	280~350	≥850	≥580	≥5	>350	上贝氏体，残余奥氏体	Cr, Ni, Mo

自 20 世纪 50 年代初，球墨铸铁作为一种工程材料问世以来，其制备技术取得了无与伦比的进步。与传统的强度低和脆性大的灰口铸铁不同，球墨铸铁具有高强度、高韧性的良好性能。现代工业的发展对球墨铸铁提出了更高的要求，而要进一步提高球墨铸铁的强度、韧性、塑性水平，除了改善石墨的形状、大小、数量和分布之外，改善其基体组织也是一种很重要的手段。

1.3.1　贝氏体球墨铸铁发展现状

早在 1949 年，Braidwood 就曾预言，针状组织（贝氏体）铸铁可能是力学性能最好的铸铁[20]。随后，美国的国际收割机公司于 1952 年对坦克履带板用球墨铸铁进行恒温热处理，成功地研究出能代替铸造锰钢的高强度、高韧性球墨铸铁[21]。但在此后的 20 年间，由于各种原因，这项研究基本上处于停滞状态。直到 20 世纪 60 年代末 70 年代初，我国、美国和芬兰等国家才先后对球墨铸铁等温淬火技术进行系统的研究。70 年代末，我国、美国和芬兰几乎同时宣布，成功研究出贝氏体球铁[22]。其中，我国研究成功的球铁组织是下贝氏体；美国研究成功的是下贝氏体加部分马氏体；而芬兰研究成功的则是上贝氏体加奥氏体。进入 20 世纪 80 年代以后，ADI 获得了很大的发展。例如，从 1982 年起，美国用等温淬火镍钼合金球墨铸铁制作的齿轮铸件、矿山运输车轮和机车车轮皆取得良好的效果。

等温淬火球墨铸铁研究的重要进展及成功应用引起了各国的高度关注。1984 年 4 月，在美国芝加哥城召开了由美国齿轮学会、铸造学会、金属学会、球铁协会和汽车工程师学会共同发起的规模盛大的第一届国际 ADI 学术会议。1986 年 3 月，在美国密歇根大学又召开了第二届国际 ADI 学术会议。我国也是较早研究和应用贝氏体球铁的国家之一，其大多为下贝氏体球铁，且成功将铜钼合金贝氏体球铁用于精密铸造的吉普车和轻型卡车的后桥螺旋伞齿轮。ADI 的研究成功使铸铁技术又获得了一次飞跃性的发展，特别是具有优良综合力学性能的奥-贝球铁的研制成功，更被誉为是近 30 年来铸铁冶金领域中的重大成就之一，并被誉为"八十年代的新材料"[23]。

ADI 之所以受到如此广泛的重视，除了它比普通球铁强度更高之外（图 1-1）[23]，还在于它相比于其他一些黑色金属材料具有更优良的力学性能（表 1-2）[21]。

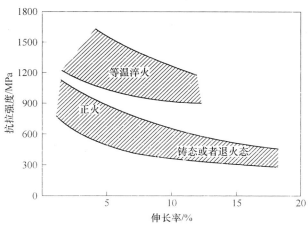

图 1-1　ADI 与其他球铁的抗拉强度及伸长率的比较

表 1-2 ADI 与其他黑色金属材料性能比较

分 类	灰铸铁 A48	可锻铸铁 A602	铸钢 A27	锻钢 A290 (分类 A-D)	球铁 A536	ADI
抗拉强度/MPa	140~415	345~725	415~480	550~1170	415~690	860~1380
屈服强度/MPa	—	220~585	205~275	310~1000	275~480	585~965
伸长率/%	1	10~1	24~22	22~10	18~3	10~2

为进一步提高 ADI 的耐磨性，美国于 1992 年首先开发了含碳化物的 ADI。在生产普通的 ADI 铸件时，铸态组织中碳化物的体积分数小于 0.5%，并且等温转变过程要终止于碳化物析出之前，这是得到高强韧性 ADI 的先决条件，但是对于耐磨性要求很高的铸件，即使选用了高强度和高硬度的 1400-1100-02 号和 1600-1300-01 号的 ADI，其耐磨性与高合金耐磨铸铁相比也并没有优势。为此，利用 C 易形成碳化物的特点，添加某种碳化物形成元素，以生成一定量的碳化物，希望凝固过程中所形成的碳化物可以进一步提高材料的耐磨性。但是，含碳化物的 ADI 的韧性也有可能降低，因此开发这种材料的关键在于控制材料的组织，以平衡材料的耐磨性和韧性。众所周知，Cr 等元素是强烈的形成碳化物的元素，在成分选择时加入使 $w_{[Cr]}$ 为 0.2%~1.5% 的 Cr，经过等温淬火热处理使基体组织中存在体积分数为 10%~30% 的碳化物，这种含碳化物的 ADI（即 CADI）比第五级和第六级 ADI 更耐磨，且具有较高的韧性[24]。CADI 在成本上比含 Cr 质量分数为 18% 的白口铸铁更为便宜，经济上，能够以更低廉的价格取代 Mn 钢，性能上也能够与某些高合金耐磨铸铁相媲美。

表 1-3 是 CADI 与几种传统耐磨材料力学性能的对比[25]。由表可见，CADI 在耐磨性和韧性的综合性能方面明显优于传统的耐磨材料，因此具有很大的优势。

表 1-3 CADI 与几种传统耐磨材料性能的对比

材 质	抗拉强度 /MPa	硬度	冲击韧性 /J·cm^{-2}	显微组织	韧性	耐磨性	应用举例
铸造高锰钢 ZGMnB	637~735	239HB	200	奥氏体+ 少量碳化物	特好	中	磨球机衬板、履带板、碎石机、颚板

续表 1-3

材 质	抗拉强度/MPa	硬度	冲击韧性/J·cm^{-2}	显微组织	韧性	耐磨性	应用举例
4130 多元合金钢（美国牌号）	1379	415~417HB	—	低碳马氏体	好	高	挖掘机斗齿、履带片、链齿等
中碳中铬多元合金钢（正火）	—	53HRC	43	回火马氏体	中	高	球磨机衬板
低铬白口铸铁 KmTBCr2	—	>43HRC	—	(Fe，Cr)$_3$C+二次碳化物+马氏体/索氏体	很低	高	磨球
镍硬铸铁	320~390	52~59HRC	>2	共晶碳化物 M$_3$C+马氏体+贝氏体+奥氏体	低	高	中等冲击载荷磨料磨损部件、磨辊、衬板、磨球、杂质泵过流件
高铬铸铁 15CrMo3	350~400	≥58HRC	6~8	M$_7$C$_3$+二次碳化物+马氏体+残余奥氏体	低	特高	渣浆泵甬管、叶轮、盖板等过流件、冶金轧辊、衬板、抛丸机叶片等
4~6 级等温淬火球墨铸铁	1200~1600	340~500HB	80~53	针状奥铁体	中	特高	待开发
CADI	—	55~58HRC	6~21	Fe$_3$C+奥铁体	中	特高	待开发

　　研究发现，CADI 的韧性主要是由所含的碳化物体积分数和针状铁素体及奥氏体的量决定的，室温无缺口试样冲击韧度一般为 5~27J/cm^2，耐磨铸铁的室温无缺口试样的冲击韧度仅为 3~7J/cm^2，远远低于 CADI 的韧性。实验结果表明，CADI 在销盘式磨损和抗湿砂胶轮磨损的性能要明显好于 ADI，CADI 能超过多种耐磨铸铁的销盘式耐磨性能，可达到比其硬度更高的高铬耐磨铸铁的水平。可见，CADI 这种优良的综合性能更适用于要求优良的耐磨性能和足够韧性的工况条件。

1.3.2 贝氏体球墨铸铁的制备

奥贝球墨铸铁（ADI）具有良好的力学性能、耐磨性、铸造性能和经济性[26,27]，因此被认为是更为经济的材料，可以取代锻钢等在汽车行业（如曲轴、变速箱和连杆等）、矿业、飞机部件和铁路领域以及矿山机械中大型矿石粉碎机中高耐磨性部件中的应用[28~31]。ADI 基体组织中包含高碳奥氏体和铁素体（经常被称为奥铁体）[32]，这样的双相组织具有高强度[32]。通常，可以通过添加合金元素和控制冷速的方法结合离心铸造或者砂型铸造获得贝氏体组织。目前有两种方法可以获得贝氏体组织。一种是通过优化添加质量分数为0.2%~5.0%的 Mo、Ni、Mn 和 Cu 等元素到铸件中，添加的合金元素可促使奥氏体相区扩大以及贝氏体转变相区与珠光体转变相区分离[33]。ADI 中的合金元素对其热处理性能的增强有重要作用，并且通过添加合金元素，如 Ni、Mo 和 Cu 等，可以促使球墨铸铁在随后的热处理过程中获得奥铁体组织[34]；合金元素还可以延长奥氏体的转变，因此 ADI 零部件具有良好的等温淬火性[35~37]。在等温转变过程中，如果珠光体的淬透性不足，随着温度降低，一些奥氏体将转变为不希望获得的珠光体组织。因此，需要添加质量分数为0.2%~5.0%的 Cu、Ni 和 Mo 等元素来增加材料的等温淬火性[38,39]。众所周知，Mo 和 Ni 的添加会增加材料的淬透性，可以使 40mm 以上大断面的材料获得均匀的淬火组织。对于大断面的材料而言，为了获得沿厚度方向全部的奥铁组织，需要宽的热处理工艺带[40]。在一些应用领域，例如采矿行业的高压辊磨机中，大断面的贝氏体球墨铸铁铸件的需求明显增加。但是，铸件断面尺寸增加，铸件组织却很难达到组织均匀的要求[41]。一方面，随着断面尺寸的增加，铸件的冷却速率降低，导致组织中石墨球的形成数量减少[42]；另一方面，为了提高整个大断面球墨铸铁铸件的耐磨性，需要添加大量的合金元素，使其具有足够的淬透性，保证整个铸件获得理想的组织[43]。因此，合金元素的添加既要保证淬透性同时也要注意元素偏析。为了防止上述问题的发生，需要控制铸造参数，例如，液态金属的孕育处理、浇注温度、离心铸造参数等[33]。另一种获得贝氏体组织的途径是等温淬火，为了使耐磨合金化球墨铸铁具有理想的组织和良好的力学性能，该方法需要控制等温淬火温度和时间[44~46]。

ADI 热处理工艺包含两步，第一步为奥氏体化处理，即将铸件加热到 840~950℃ 范围内的某一温度上保温一段时间，然后在盐浴炉内进行等温处理，等温处理温度范围为 250~400℃，保温时间 0.5~4h；第二步为回火处理，使奥氏体进一步转变为奥铁体。对于合金化球墨铸铁，之前的工作优化出其最佳的奥氏体化和等温转变热处理参数，奥氏体化过程为在 850℃ 下保温 1h，等温淬火温度为 300℃[47]。等温转变处理过程分为两个阶段，第一阶段奥氏体的分解产物为无碳化物的含碳过饱和铁素体（亦称为铁素体型贝氏体）和富碳奥氏体（carbon-enriched austenite）；如果保温时间继续延长，将会发生第二阶段的反应，此时纳米级的碳化物从富碳奥氏体中快速析出并伴随铁素体的长大[48~50]，这样的第二阶段是应该避免的，因为它通常使材料的塑性和韧性急剧下降。为了使 ADI 获得良好的综合力学性能，奥氏体等温转变应该控制在第一阶段结束至第二阶段开始的这段区间，这段区间也叫"热处理工艺带（heat treatment processing window）"[51]。如果要获得良好的综合力学性能，基体组织中应该含有高体积分数的稳定奥氏体。所以，等温转变时间对 ADI 力学性能的影响非常大。目前，关于不同等温转变保温时间对 ADI 材料性能影响的研究已经大量展开，这些 ADI 材料包括含 Cu[52]、含 Cu+B[40]、含 Cu+Ni[53] 等合金材料。例如，在 Fe-Si-Mn 合金成分基础上将铸件加热至 860℃ 保温 2h，然后在 $NaNO_3$ 和 $NaNO_2$ 饱和溶液中将其连续冷却至室温可以得到贝氏体组织[54]；利用两步热处理（奥氏体化+等温淬火）方法，Zhang 等[55] 将合金成分为 Fe-Si-Mn-Mo-Ni-Cu 的铸件进行处理获得 ASTM 标准中 900/650/09、1050/750/07 和 1200/850/04 三种强度级别的贝氏体球墨铸铁。Sohi 等[41] 的早期研究表明，将含有低合金的球墨铸铁分别进行等温淬火可以获得贝氏体球墨铸铁组织，并指出，在 315℃ 和 350℃ 分别等温淬火 180min 和 240min 时，该贝氏体球墨铸铁具有最佳的综合力学性能。通过控制合金元素 Si 和 Mn 的含量以及冷速，Zhou 等[56] 获得了贝氏体/马氏体球墨铸铁，其硬度和冲击韧性分别为 51.6HRC 和 21.7J/cm²。崔等[47] 研究了等温淬火温度对合金化球墨铸铁组织和耐磨性的影响，并得出当等温淬火温度为 325℃ 保温 2h 时，合金化球墨铸铁拥有较好的耐磨性。

贝氏体球墨铸铁可以通过控制冷速等热处理以及合金化等方法获得，目前对于含 Ni、Mo、Cu 和 Cr 等合金 ADI，尤其是含 V 的应用于大断面零部件的合金化 ADI 材料的等温转变处理工艺还鲜有研究。另外，目前大多数的工艺仅针对小尺寸工件展开，难以应用于较大尺寸的工件。因此，研究开发低成本、高性能、大断面贝氏体球墨铸铁具有一定的实际意义。

1.3.3 贝氏体球墨铸铁强化机理

1.3.3.1 贝氏体片层厚度与晶界强化

贝氏体球墨铸铁中，其主要的强化相是贝氏体，贝氏体晶粒大小的不同，造成宏观性能的差别，尤其是硬度的差异。普通球墨铸铁等温淬火处理后，宏观硬度值及贝氏体片层厚度与等温温度之间的关系如图 1-2 所示[57]。由图中可以明显看出，等温温度对贝氏体片层厚度与宏观硬度有很大影响，随着等温温度上升，贝氏体片层厚度也不断增加而硬度值却不断下降，根据硬度与贝氏体片层厚度的对应关系，可知硬度随 $d^{-0.5}$ 的增加而上升，与 $d^{-0.5}$ 呈线性关系，满足 Hall-Petch 关系[58]。经数据处理后得到：

$$HRC = -4.5 + 47.5d^{-0.5} \tag{1-1}$$

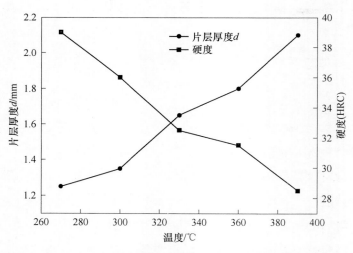

图 1-2　等温温度对硬度和贝氏体片层厚度 d 的影响

普通 ADI、抗磨贝氏体球墨铸铁以及经过轧制的贝氏体球墨铸铁的硬度与贝氏体片层厚度 d 值依然遵循 Hall-Petch 关系，并且在热处理工艺相同的条件下，抗磨贝氏体球墨铸铁比普通 ADI 具有更小的贝氏体片层厚度，从而有较高的硬度。也就是说,即使材质不同,热处理工艺不同,Hall-Petch 公式对球墨铸铁中贝氏体的强化作用具有普遍意义。由此可知,晶界强化是贝氏体球墨铸铁的主要强化方式。

1.3.3.2 贝氏体转变中析出碳化物的弥散强化

普通奥氏体-贝氏体球墨铸铁在等温转变过程中,转变初期没有碳化物的析出,所得组织是无碳化物贝氏体型铁素体,在转变后期有碳化物沉淀析出,形成钢中典型贝氏体组织[59]。碳化物的析出类型多种多样,其中有渗碳体、ε 碳化物、χ 碳化物、η 碳化物以及 τ 碳化物等[60]。渗碳体和 ε 碳化物较为常见,许多研究者在研究过程中发现,在回火马氏体中也易沉淀析出 ε 碳化物,并且 ε 碳化物与马氏体晶格有简单的取向关系。

碳化物的弥散强化中,作为弥散强化的粒子应满足两个基本条件:一是弹性模量要远高于基体的弹性模量;二是要与基体呈非共格关系。位错运动受到粒子阻碍时,难于切过粒子本身,而以绕过方式通过粒子,并在粒子周围留下位错圈[61]。

这种强化作用通常用 Orowan-Ashby 公式计算,其准确表达式为[62]:

$$\Delta\tau_{\mathrm{C}} = 0.85\,\frac{Gb\ln\dfrac{r}{b}}{2\pi(1-\nu)^{\alpha}(L-2r)} \tag{1-2}$$

式中 α——常数,对于韧性位错 $\alpha = 1$,对于螺型位错 $\alpha = 0$;

    r——粒子平均半径;

    L——粒子中心间距;

    G——基体切变模量;

    b——柏氏矢量;

    ν——泊松比;

$\Delta\tau_{\mathrm{C}}$-——临界切应力的增量。

对于贝氏体球墨铸铁中的析出相,满足弥散强化条件,故而可以用式(1-2)进行计算。由于:

$$L = \left(\frac{4\pi}{3f}\right)^{1/3} r \tag{1-3}$$

式中 f——析出相的体积分数。

取 $\nu=0.3$，假设韧性位错与螺型位错各占 50%，硬度 $\mathrm{HRC}\approx 1/3\Delta\tau_{\mathrm{C}}$，于是得到式（1-4）：

$$\Delta\mathrm{HRC} = 0.11 \frac{Gb\ln\dfrac{r}{b}}{\left[\left(\dfrac{4\pi}{3f}\right)^{1/3} - 2\right]r} \tag{1-4}$$

对于球墨铸铁，取 $G=55800\mathrm{MPa}$，$b=2.48\times10^{-7}\mathrm{mm}$，由此即可算出析出碳化物对材料的强化作用。计算结果表明，弥散造成的强化是很显著的。

同时，石墨球作为第二相杂物存于基体中，将阻碍位错运动。因此，若使石墨球周围有强韧性相环绕，就有可能阻碍裂纹的形成和扩展。显然，把石墨看成是基体中的第二相是完全可以的，因为它与基体存在界面，因此会对位错运动起作用。由于石墨相与基体的切变模量相差很大，如石墨的切变模量 $G_{\mathrm{G}}=4400\mathrm{MPa}$，而基体的切变模量 $G_{\mathrm{m}}=55800\mathrm{MPa}$，即 $G_{\mathrm{m}}\gg G_{\mathrm{G}}$，根据模量强化机制，石墨与基体的界面将会对位错产生吸引力，把位错吸引入界面内，一方面降低位错的弹性性能，另一方面位错在石墨与基体界面处不会产生塞积[63]。经透射电镜下观察，在石墨球周围并没有发现位错带。由 Russell 和 Brown 的强化公式（1-5）计算出石墨对基体的强化作用极小，几乎没有强化。

$$\tau_{\mathrm{C}} = \frac{0.8Gb}{L}\left(1 - \frac{E_1^2}{E_2^2}\right)^{1/2} \tag{1-5}$$

式中 L——粒子中心间距；

　　　G——基体切变模量；

　　　E_1——软相的弹性模量；

　　　E_2——硬相的弹性模量。

因此，石墨相本身对基体强化的贡献是很小的。但是，石墨相多，却为贝氏体转变量的增多和贝氏体细化创造了条件，间接地强化了基体。同时石墨越是细小，石墨与基体之间接触面积越大，所能吸收的位错量越多，因此韧性得到改善。

1.3.3.3 合金元素在贝氏体中的固溶强化

贝氏体含碳量较低，所以合金元素 Si 和 Mn 的固溶强化作用明显。Si 和

Mn在铸铁组织中均以置换方式固溶，可用式（1-6）估算其强化作用[63]。

$$\Delta\sigma_b = K(x)^n \tag{1-6}$$

式中　　x——置换固溶摩尔分数；

　　　　n——指数，约为3/4；

　　　　K——强化系数，$K_{Mn} = 48260kN/m^2$，$K_{Si} = 75850kN/m^2$。

图1-3和图1-4所示分别是Si和Mn的置换固溶而引起的强化值[64]。从中可以看出，置换固溶强化的效果还是比较明显的，Si比Mn的强化作用强，Si和Mn的共同作用使强化更显著。

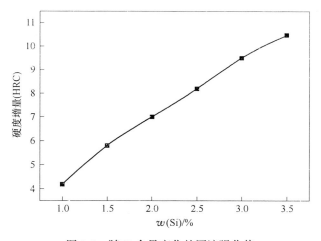

图1-3　随Si含量变化的固溶强化值

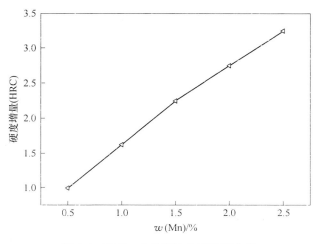

图1-4　随Mn含量变化的固溶强化值

1.4 贝氏体球墨铸铁在磨损领域的应用及磨料磨损机制

1.4.1 贝氏体球墨铸铁在磨损领域的应用

ADI 因为具有优良的强韧性和耐磨性，已成为 21 世纪人们关注的热点材料之一。ADI 和 CADI 的性能优势已被材料工作者逐渐认识并加以利用，ADI 的生产工艺条件也日益成熟，ADI 和 CADI 的应用领域将不断扩大，其产量将有较大幅度的提高。

ADI 由于其卓越的综合力学性能，特别适用于高强度、高韧性、耐疲劳和耐磨损等设备中。关于把 ADI 应用于耐磨件上的研究，至今已有许多报道。文献 [65] 报道，ADI 在齿轮、曲轴、装料机、火车上的衬套、火车轮箍、高速列车紧急制动用的制动底板、导轮、吊车轮、矿车及火车头等交通车辆的轮子、成型的锻模和轧辊及不同用途的各种链轮等零部件的应用上取得了良好的效果。文献 [23] 报道美国保护气氛炉公司生产的典型 ADI 零件中有许多是耐磨件，如坦克履带、矿山钻头、挖掘机齿、防磨耗板、链轮、紧缩辊、制动转轮、离合套、活塞环、各种类型齿轮等。文献 [66] 指出，ADI 能满足挖掘机、推土机、纺织机械和农业机械等易磨损部位所需要的抗磨损、抗冲击和抗疲劳的性能要求。文献 [67] 指出，ADI 在耐磨件上的应用除了火车轮、导轮、履带板外还有泥浆泵壳体、叶片、犁铧、推土机刀片、输送带辊子等，其耐磨性高于高锰钢，与不加合金白口铁相近，但韧性优于白口铁。

近年来，国内将 ADI 应用于耐磨件上的情况也屡见报道，例如：武汉铸锻热总厂和汉口铸造厂用 ADI 制作轧钢机辊道齿轮、冷轧管轧辊、破碎机颚板、纺织机齿轮以及 195 柴油机曲轴，均取得了良好的效果[22]。郑州机械研究所与湖北省竹山县特种球铁厂共同研制的 ADI 锤头等抗磨件具有韧性好、抗磨性能优异、使用寿命长的特点，实验表明，在同一工况条件下，锤头的耐磨性和使用寿命是高锰钢的 2~2.7 倍，且无断锤事故。因此，ADI 是制造抗磨件的优异材料[68]。杨佳荣等[69]把 ADI 应用于颚式破碎机齿板上，证实 ADI 优于高锰钢。以上事实说明，ADI 在耐磨件中的应用正逐步增多并越来越受到重视。文献 [70]、[71] 指出，ADI 在耐磨件中的应用潜力相当大，耐磨性能是 ADI 尚待继续开发的性能之一。因此，深入系统地研究 ADI 的磨损性能对于进一步开发其作为磨损件的应用潜力、指导实际生产都具有重要的意义。

CADI 材料应用范围见表 1-3。其中，CADI 新材料主要应用于农业机械零件和矿山机械[72,73]。早在 1992 年，美国利用 CADI 制造农业机械铲尖，耐磨性能优越，使用寿命大大提高。我国大连三明铸造有限公司研究开发的 CADI 在农机犁桦上获得成功应用，CADI 犁桦的硬度为 53～58HRC，冲击韧性为 11～28J/cm²，实际装机实验表明，CADI 犁桦的使用寿命是低合金钢犁桦的 3 倍以上，生产成本降低 20%，具有很好的技术经济效益。

综上所述，ADI 作为一种新型的耐磨合金材料正在世界上许多国家得到重视和发展。但是，对 ADI 磨损性能的理论研究却落后于这种材料实际应用的发展。在已进行的一些为数不多的研究中，由于所进行的磨损实验和实际工况的复杂性，以及实验数据的有限性，各种结论除揭示了一些普遍规律之外，尚多有不同的，甚至是相反的观点。现综述如下：Gundlach 等[73]对四级 ADI（分别在 260℃、315℃、355℃、400℃等温淬火）、淬火马氏体球铁及若干钢种，用销盘式、橡胶轮式及颚板破碎机式三种方法，进行磨料磨损实验，他们得出的结论是 ADI 的硬度越高越耐磨。在比较中，他们认为在同等硬度下 ADI 比调质钢耐磨，如在颚式破碎条件下，260℃等温的 ADI（415HB）耐磨性比淬火加低温回火的低碳钢（515HB）还耐磨，而在 400℃等温的 ADI（274HB）其耐磨性只比淬火加高温回火的低碳钢（269HB）稍好一点。与高锰钢相比，对销盘实验，两者耐磨性大体相等，但对颚式破碎实验，即在强烈加工硬化条件下，ADI 耐磨性就相形见绌。他们认为在三种磨料磨损实验中，均有残留奥氏体的加工硬化产生。Voigt[74]对 310～390℃不同等温温度的铜镍 ADI 进行销盘磨损实验后认为，硬度在 350～550HV 之间的 ADI 耐磨性大体相同，看不出硬度对 ADI 耐磨性有何影响。其解释是：上贝氏体组织中有较高的残留奥氏体含量，因而有更显著的加工硬化发生，以致在耐磨性上最终与下贝氏体组织相反。在同等硬度下，ADI 比回火马氏体球铁耐磨，比珠光体球铁耐磨得多。只有更硬的不回火的或轻度回火的马氏体球铁耐磨性才超出 ADI。

在摩擦磨损方面，朱君贤等[75]对 300～420℃下等温获得的 ADI 进行干摩擦和滑动磨损实验，认为随着等温温度升高，残留奥氏体增加，硬度下降，

ADI 耐磨性也随之下降。在 400℃ 等温时，耐磨性最差。丛家瑞等[76] 对（900℃，1h+350℃，2h）盐浴条件下获得的 ADI、普通球铁和 ZG50SiMn 进行滚动接触疲劳磨损实验（纯滚动、干摩擦），认为 ZG50SiMn 磨损量最少，ADI 与之相当，正火态普通球铁为最差。他们还对相同的几种材料进行滑动磨损实验（用煤油起冷却及较差的润滑作用），得出的结论是球墨铸铁的抗滑动摩擦磨损性能均比 ZG50SiMn 要好，尤其是 ADI 更为突出。其解释是：球墨铸铁有大量的石墨存在，当润滑条件差或没有润滑条件时石墨起着润滑和防止黏着磨损产生的作用。另外，ADI 的表面硬化现象使其耐磨性比普通球铁更好。

马永华等[25] 的研究表明，CADI 随着等温淬火温度的升高，洛氏硬度值逐渐降低，而冲击韧度值逐渐升高，CADI 的抗拉强度表现出先增大，到 280℃ 达到最大，然后减小的特点，销盘式磨料磨损率随着等温淬火温度的升高逐渐增加，耐磨性变差。

刘建升等[77] 研究表明（图 1-5），含 Cr 质量分数为 0.5% 的 CADI 在相对低的奥氏体化温度及等温淬火温度下，磨粒磨损耐磨性能提高。不同工艺条件获得的 CADI，其磨损机制有一定程度的区别。当奥氏体化温度和等温淬火温度较低时，磨损试样的表面较为光滑和平整，黏着也较少，磨损机理为微观切削；随着奥氏体化温度和等温淬火温度的升高，试样表面黏着较多，磨损机理以犁沟为主，此外还有微观切削和微观剥落。

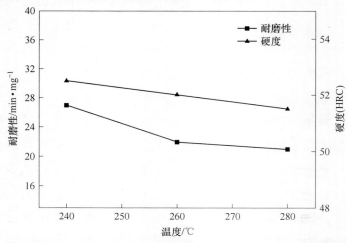

图 1-5 等温淬火温度对含 Cr 质量分数为 0.5% 的 CADI 耐磨性的影响

从以上文献报道可以看出，对 ADI 和 CADI 的耐磨性能的研究是远远不够的，特别是 CADI 在磨料磨损条件下的磨损机理还没有较为系统的研究。

1.4.2 贝氏体球墨铸铁磨料磨损失效机理

磨损过程是复杂的，要了解磨损现象，必须对磨损进行分类。在磨料磨损分类中，按干湿状态分为干磨料磨损和湿磨料磨损，按照工作环境分为普通磨料磨损、腐蚀磨料磨损和热磨料磨损。腐蚀磨损可分为氧化腐蚀磨损、特殊介质腐蚀磨损、微动腐蚀磨损和气蚀腐蚀磨损；冲蚀磨损可分为固体粒子冲蚀磨损、浆体冲蚀磨损和液滴冲蚀磨损等。在工业实践中，磨料磨损造成的材料损耗是最高的，约50%以上的磨损失效归因于磨料磨损，因而磨料磨损成为人们研究的热点[78]，本研究也主要考察贝氏体球墨铸铁的磨料磨损性能。

磨料磨损一般是指硬的磨粒或凸出物在与摩擦表面相互接触运动的过程中，使表面材料发生损耗的现象。磨粒和凸出物一般是指非金属材料，如石英砂、岩石、土壤等。磨料磨损机理就是研究磨粒颗粒与材料表面相互作用过程中的物理化学变化规律。目前关于磨料磨损的机理主要有微观切削、多次塑变、微观断裂和疲劳破坏等。磨料磨损过程中由于材料内部组织和性能等因素及磨损外部条件的影响和变化，往往几种机理同时存在[79,80]。

1.4.2.1 显微切削机理

显微切削磨损是材料表面磨损的主要机理。基于对磨料磨损过程和表面的观测，通常认为，磨粒磨损是在外力作用下，磨粒以一定的角度与材料表面相接触发生的。此时作用在磨粒上的力可以分解为垂直于材料表面的法向分力和平行于材料表面的切向分力。当磨料硬度大于材料硬度时，在载荷法向分力的作用下磨料被压入材料表面，在表面形成压痕。而载荷切向力把压入表面的磨粒向前推进，当磨料的棱角形状与运动适当时，磨料就如刀具一样，在材料磨损表面铲刮起一层薄片，形成切削，随后切削屑脱离表面，并在磨损表面留下沟槽。但此种切削的宽度和深度均很小，切削也非常小，所以称为显微切削。图 1-6 所示为典型的显微切削模型[81]。显微切削磨损量取决于材料硬度，硬度越高，切削量越少。因此提高材料硬度，可降低材料的切削磨损。

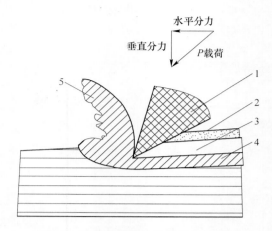

图 1-6　贝氏体球墨铸铁显微切削模型

1—磨粒；2—变形区Ⅰ；3—切槽；4—变形区Ⅱ；5—切屑

显微切削类型的磨损是经常见到的，特别是在固定磨料磨损和凿削式磨损中。但磨粒和表面接触时发生切削的概率还是很小的，这是由于磨粒一般比较圆钝而且具有负前角，故与有塑性的金属表面接触时，往往容易发生滚动。据估计，贝氏体球墨铸铁在和松散的自由磨粒接触时，大概有90%的磨粒发生滚动，这些磨粒只能对材料表面压出印痕而不发生直接的磨损，其他的10%的磨粒虽有短距离的滑动，但由于磨粒圆钝并具有负前角，故只能犁出一条短而浅的沟来，使表面材料发生塑性变形并把它们推向前面和两边，而并没有产生切屑[82]。

1.4.2.2　多次塑变磨损机理

贝氏体球墨铸铁在磨料磨损过程中，当磨粒滑过表面时，如果磨粒棱角不够锐利，或是刺入表面角度不适合切削，那么大部分情况下是把材料推向两旁或前缘，被磨材料的塑性变形很大却没有脱离母体，而且在沟底及沟槽附近的材料也有较大的变形。若犁沟时全部沟槽中的体积被推向两旁和前缘而不产生切屑，则称为犁皱。图1-7所示为贝氏体球墨铸铁磨粒推挤材料的模型，磨粒具有负前角，不能切削材料，只能推挤材料或犁沟材料而使其变形[83]。

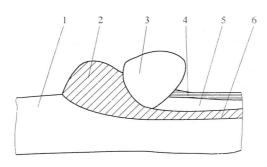

图 1-7　贝氏体球墨铸铁磨粒推挤材料模型
1—被磨材料；2—推挤变形区；3—磨粒；4—变形脊；5—犁沟；6—变形层

犁沟或犁皱产生的两旁或前缘的贝氏体球墨铸铁以及沟槽中的贝氏体球墨铸铁在受到随后的磨料作用下，可能把堆积的贝氏体球墨铸铁重新压平，也可能使已变形的沟底贝氏体球墨铸铁遭受到再一次的犁皱变形。如此往复的塑性变形导致一种所谓的胞状结构。也就是说在一定的深度，位错密度激增，并趋于密集堆积而形成胞壁，此种胞壁垂直于滑动方向，成为位错运动的障碍，造成应力集中，在载荷作用下，胞壁处就会萌生裂纹[84]。

由于磨粒具有负前角及较圆钝的特征，故与表面材料接触时大部分发生滚动、压入和犁皱，使表层材料发生很大的变形，表面出现密麻的压坑、唇形的凸缘、沟槽以及凸脊，这些凸缘和凸脊又被后来的磨料重新压平进而又出现犁沟，再一次产生塑性变形。如此反复，导致材料加工硬化或其他变化，使裂纹逐渐形核和扩展，最终造成材料表面脱落[85]。

1.4.2.3　疲劳磨损机理

在磨料作用下，工件表层出现高剪应力和高拉应力区，此处萌生裂纹并逐渐扩展，最终导致表面分层、剥落。这属于低周疲劳产生的损坏现象，是表层微观组织受周期性载荷作用产生的。标准的疲劳过程有发展的潜伏期，在潜伏期内，表面不出现任何破坏层，材料外部发生硬化而不会发生亚微观破坏。当进一步发展时，在合金表面出现硬化的滑移塑变层和裂纹。疲劳形成的表层破坏源于离表面不远的距离，例如在最大接触应力处，疲劳破坏为局部破坏，具有较深或较圆的坑。

疲劳磨损包括两种类型：第一种是变形疲劳磨损，是在硬磨料相对滑动或冲击磨损的条件下，磨料切削或凿削的同时，伴随有切削沟槽或冲击凿坑中贝氏体球墨铸铁的塑性变形，挤向沟槽或凿坑的周围，而且在后续磨料的作用下，被推挤出的金属承受反复变形和碾压。当某些变形严重部位应力超过材料疲劳极限时，就会产生裂纹，裂纹扩展，接连引起疲劳脱落，造成磨损。变形疲劳磨损具有低周应变疲劳性质，其耐磨性以贝氏体球墨铸铁的硬度和塑性（韧性）综合判断。第二种疲劳磨损是剥层疲劳磨损，即在软磨料或硬磨料作用下基体变形后，由于接触应力的作用，在其亚表层形成裂纹，裂纹扩展，连接至表层，以剥层脱落，表层留下形态不规则的剥落坑。这类磨损具有应力疲劳性质，其耐磨性主要由材料硬度决定，并与韧性有关[86]。

1.4.2.4 微观断裂机理

微观脆性断裂机理是脆性材料的主要磨损形式。脆性材料的压入断裂取决于载荷的大小、磨粒的形状与尺寸和周围环境以及贝氏体球墨铸铁的硬度和断裂韧性等因素。贝氏体球墨铸铁磨损时，由于磨料压入贝氏体球墨铸铁表面而具有静水压力的应力状态，所以大多数材料都会发生塑性变形。但对塑性较差的脆性材料，则可能是断裂机理占主导地位。在硬磨料及冲击条件下，材料中的脆性相（如碳化物）或较脆基体（如马氏体）会发生脆性断裂，大块剥落，从而形成磨损。当断裂发生时，压痕处有明显的表面裂纹，这些裂纹从压痕四周出发向材料的内部伸展，裂纹平面垂直于试样表面而呈辐射状的中线裂，压痕附近还有横向的无出口裂纹[87]。当横向裂纹互相交叉并扩展到工件表面时，产生局部表面剥落，造成微观断裂机理的材料磨损。脆性材料的压痕断裂，其外部条件取决于载荷大小、压头的形状和尺寸，内部条件则取决于材料的硬度、冲击韧性以及断裂韧性等。

1.5 贝氏体球墨铸铁的深冷处理概况

对于多种金属及金属复合材料，深冷处理具有稳定工件尺寸、提高耐磨损性及使用寿命的作用。生产中，通常把材料经过普通热处理后，再进一步冷却到-100℃以下（通常为-100～-196℃）的冷处理称为深冷处理，深冷处理又叫超低温处理，它是普通热处理的延续，是低温技术的一个分支[88]。

深冷处理的冷却介质通常为液氮[89,90]。这主要是由于，液氮价格便宜，且化学性质稳定、无毒无污染。此外，液氮是制氧工业的副产品，来源非常广泛，其最低冷却温度可达-196℃[91]。因此，从绿色环保的角度来看，深冷处理属于绿色生产技术，较为符合 21 世纪绿色加工制造技术的发展方向[92]。

按照深冷处理工艺中不同的降温方式，可分为直接浸入液氮法和缓慢降温法。直接浸入液氮法是将工件由室温直接浸入液氮中，然后将工件在液氮中保温一定时间进行深冷处理的方法。直接浸入液氮法难以控制工件的升降温速率，工件在与液氮接触的瞬间出现急剧降温，研究者普遍认为此方法对工件的力学性能有较大的热冲击损害作用[93]。但是，该方法的优点是设备简单。缓慢降温法是将工件以较慢的降温速率，降低至极低的温度，然后保温一定时间进行深冷处理的方法。该方法的深冷设备通常为可控升降温速率的程控深冷箱，其工作原理是将液氮从深冷箱的喷嘴中喷出，利用液氮气化吸热制冷，最低制冷温度可达-196℃[94]。该方法的优点是对工件热冲击损害作用小，工件不易开裂，因此应用比较广泛，也较被认可。

影响深冷处理效果的主要因素有深冷温度、深冷降温速率、深冷与回火的工艺顺序及深冷保温时间等。根据不同的材质及用途，不同的深冷工艺参数对工件深冷作用效果也不相同，甚至有时差别较大。

1.5.1 国外深冷处理技术发展概况

深冷处理是由俄国人于 1939 年首先提出的，苏联还曾制定了国家标准ГOCT17352《仪表、高精度金属零件用冷处理方法使尺寸稳定典型工艺规程》[91]。19 世纪 50 年代，美国学者才开始进行超低温处理方面的研究，直到20 世纪 60 年代，美国才将其工业实用化[95,96]，主要应用于航空航天领域。例如，航天火箭用压力容器经深冷处理后其安全性可得到显著提高。此外，美国 INFAC 研究表明[97]，6265H、AME 和 SAE 等其他一些用于直升机传动齿轮的金属材料，经超低温处理后材料的微观组织结构可以得到显著改善，并且可以减小齿轮使用时的噪声，同时齿轮的尺寸稳定性也可以获得显著提高。

深冷处理延伸到机加工领域是在 20 世纪 80 年代才得以实现的，如美国AL-TECH 特殊钢钢铁公司采用深冷处理研制的专利产品 SUS302 弹簧[98]，在相同载荷作用下，弹簧的圈数减少到原来的 2/3，重量减轻至原来的 40%；美国路易斯安那工业学院对某些钢材进行深冷处理的研究也表明，深冷处理可以在很大程度上提高材料的力学性能[99]。

1.5.2 国内深冷处理技术发展概况

20 世纪 90 年代初，我国开展深冷处理技术的探索和工艺研究工作，目前已取得了一定的研究成果。例如，姜传海等[100]探索了低温循环处理对 SiC/6061Al 金属基复合材料的影响。结果显示，通过室温—降温—升温—室温的循环过程可以显著减小材料的表面残余应力。长沙电力学院的科技人员还研究了深冷处理对 $Al_2O_3 \cdot SiO_2/Al$-10Si 复合材料断裂性能的影响[101]，结果表明，该材料经深冷处理后基体残余应力减小，断裂强度有一定程度下降。近年来，山东工具厂使用低温处理技术对细长杆和薄壁件进行了大量研究[102]，希望能探索出比较完善的成套深冷处理工艺；韶关工具厂还深冷处理了部分剃齿刀。但是，他们的这种研究只是对使用效果的检验和记录，并没有对其强化机理进行深入的探索，不具有普遍性的指导意义。所以，深冷处理工艺仍需要更进一步的研究。在深冷处理对机加工的影响方面，曾志新等[103]采用液氮作为冷却介质对深冷状态下的切削机理进行了探索。实验结果表明，超低温切削可以显著提高被切削工件表面质量，而且可以节省大量切削液。

目前，对深冷处理工艺及其强化机制的研究还基本处于探索阶段，还未能形成对工业生产具有指导作用的理论依据，距深冷处理技术的大规模产业化推广的应用目标还有较大差距。

虽然一些材料利用深冷处理获得了理想的力学性能和耐磨性，但是深冷处理对 ADI 的组织和性能的影响相关文献报道极少。Putatunda 等[27]研究了深冷处理对 288℃等温淬火处理的贝氏体球墨铸铁组织的影响，发现高碳奥氏体全部转变成马氏体。陈等[104]研究了深冷处理+回火处理对一种耐磨等温淬火合金化贝氏体球墨铸铁组织和力学性能的影响，结果表明，经过-196℃深冷处理 3h 和 450℃回火处理 2h 后，合金化贝氏体球墨铸铁具有较高的硬度和耐磨性。Panneerselvam[105]等研究了深冷处理工艺对高碳奥氏体机械和热力学稳定性的影响，结果表明，深冷处理可以提高其抗拉强度和硬度，降低伸长率，但对断裂韧性无影响。Šolić 等[26]研究了一种深冷处理对 ADI 组织和磨料磨损性能的影响，结果表明（图 1-8），在 400℃ 等温处理的贝氏体球墨铸铁经过深冷处理后，大量的残余奥氏体转变为马氏体，在随后的回火处理过程中，在马氏体晶间析出了细小的碳化物，其硬度和耐磨性都有所提高。

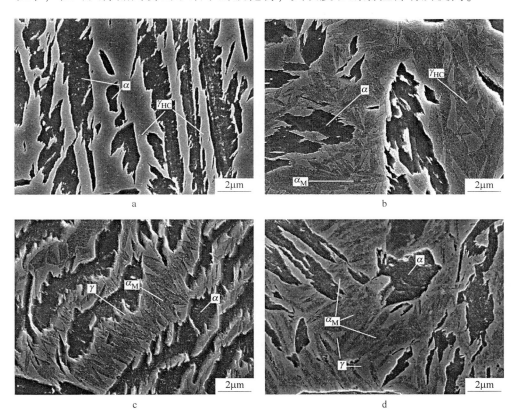

图 1-8　不同工艺处理的 ADI 的 FESEM 显微组织照片

a—400℃等温淬火；b—深冷处理 24h；c—深冷处理 24h+200℃ 回火 2h；d—深冷处理 24h+350℃ 回火 2h

总之，目前贝氏体球墨铸铁的深冷强化机理还没有形成广泛一致的观点，更没有十分清晰的认识。更重要的是，诸多强化机理观点的持有者也都难以提供强有力的实验证据和经得住推敲的合理解释。贝氏体球墨铸铁的深冷处理工艺和深冷处理强化机理，都还需要进一步深入研究。耐磨合金化贝氏体球墨铸铁是新型高性能耐磨铸铁，极具发展潜力。但从现有研究资料看，却还鲜有关于该铸铁材料冷处理的实验报道，因此，本研究对此耐磨铸铁开展了探索研究工作。

1.6 研究内容

本研究通过对高强耐磨贝氏体球墨铸铁的成分设计与优化实现高强耐磨环形铸件的凝固成形与控制，获得基体组织与耐磨相在尺寸、形状、体积分数等方面的合理匹配，为大型高效节能耐磨用贝氏体球墨铸铁研制提供核心技术。在此基础上，系统研究大规格高强耐磨贝氏体球墨铸铁环件的热处理方法，对热处理后新型耐磨贝氏体球墨铸铁耐磨性能等做出评价。为了进一步提高等温淬火合金化贝氏体球墨铸铁的力学性能，研究了深冷以及深冷结合传统热处理工艺对其组织和力学性能的影响，分析了深冷强化机理。具体研究内容如下：

（1）在保证设计合金元素使球墨铸铁获得贝氏体组织和具有较高淬透性的前提下，利用 Thermo-Calc 热力学软件对合金元素 Si 的含量进行了优化，采用离心铸造方法制备高强耐磨贝氏体球墨铸铁，结合获得的贝氏体球墨铸铁的组织分析相变，并评价该球墨铸铁的力学性能。

（2）考虑到 V 在铸铁中有强化和细化组织的作用，可提高铸铁强度和耐磨性能，在研究内容（1）的基础上，在 Mo-Ni-Cu-Cr 系合金化贝氏体球墨铸铁中添加了质量分数为 0.3% 的 V，研究了 V 对合金化贝氏体球墨铸铁的组织和性能影响，分析了 V 在贝氏体球墨铸铁中的析出行为，揭示了强化机制，这对于扩大其在矿山耐磨机械行业中的应用具有重要意义。

（3）对于含 Ni、Mo、Cu 和 Cr 等合金化贝氏体球墨铸铁，尤其是对含 V 的应用于大断面零部件材料的等温转变处理工艺进行研究。通过 TTT 曲线的计算及对等温淬火温度及时间的优化，确定较佳的等温淬火工艺，研究了相应的力学性能，以揭示合金化贝氏体球墨铸铁的相变机制以及磨损机制。

（4）对含有 Mn、Ni、Cu、Mo 和 Cr 等合金元素的大断面低合金贝氏体球墨铸铁进行了等温淬火处理，随后分别进行低温、中温和高温回火处理，重点研究回火后的组织演变和力学性能，并考察了回火温度对耐磨性的影响，以确立较佳的热处理工艺参数，扩大贝氏体球墨铸铁的应用范围。

（5）通过采用不同保温时间的深冷处理以及分别采用回火、回火+深冷处理、深冷+回火处理三种组合工艺，对比研究上述工艺对等温淬火合金化球墨铸铁力学性能的影响，包括硬度、抗压强度和磨料磨损性能。此外，对深冷处理过程中以及随后的回火处理过程中的组织演变进行了讨论与分析。

2 合金化贝氏体球铁的制备与组织性能

2.1 引言

对贝氏体球墨铸铁可以通过控制凝固速率和热处理等方法来获得贝氏体组织，以此来提高其力学性能[106]。可是，这些方法会增加制造成本，延长生产周期，并且在生产中实施有较大的困难[107,108]。考虑到生产效率和实用性，使得大断面的贝氏体球墨铸铁在铸态下就获得贝氏体组织和拥有良好的力学性能是有意义的。

通常，在铸态下，有两种方法可以获得贝氏体组织，一种是添加合金元素，另一种是控制铸件在模子里的冷却速率[109,110]。考虑到在操作过程中控制冷速比较困难[111]，尤其在生产大断面的铸件的时候控制冷速更加不易，所以通过合金化来获得贝氏体球墨铸铁更高效和便捷。合金化的作用主要体现在两个方面：一方面，通过添加合金元素 Cu、Ni 和 Mo（添加质量分数为 0.2% ~ 5.0%），可以扩大奥氏体相区，并使贝氏体转变区与珠光体转变区分离；另一方面可以增加基体的力学性能[112]。

本章通过热力学软件 Thermo-Calc，设计贝氏体球墨铸铁中的合金元素 Si、Ni、Cu、Mo 和 Cr 的含量，确定耐磨贝氏体球墨铸铁的合金成分，并通过离心铸造方法制造铸态贝氏体球墨铸铁，分析贝氏体球墨铸铁的组织，测试该球墨铸铁的力学性能。

2.2 贝氏体球墨铸铁成分设计及制备

2.2.1 实验材料成分设计

众所周知，在球墨铸铁中，C、Si 和 Mn 是主要的合金元素，对力学性能和铸造性能有很大的影响[113]。当碳含量较高时（质量分数超过 2.0%），可以提高球墨铸铁石墨化能力，使石墨球圆整，提高铁水的流动性，阻碍渗碳体的析出，增加凝固时的液态膨胀量以此减少由于凝固收缩造成的缩孔和缩松倾向，改善铸造性能；添加适当的 Si，能促进石墨化，阻止碳化物的析出，降低奥氏体的稳定性，减小晶粒尺寸，促进贝氏体转变，提高冲击韧性以及降低脆化温度范围。一般情况下，Si 的含量应该尽量高，这样可以阻止含 Mn 的碳化物析出，但是当含质量分数超过 3.4%时，球墨铸铁的冲击韧性会明显降低。Mn 能够扩大奥氏体相区，提高球墨铸铁的淬透性，并且能够固溶于奥氏体形成置换固溶体。可是，由于 Mn 比 Fe 更容易与 C 结合形成碳化物，Mn 的碳化物经常在晶界偏析，所以高含量的 Mn 会严重降低冲击韧性。因此，对于要求有更高塑性和韧性的贝氏体球墨铸铁，Mn 的含量应小于 0.3%（质量分数）[44]。

通过添加元素 Mo、Cu、Ni 和 Cr 可以获得贝氏体组织和理想的力学性能。Mo 是强烈的碳化物形成元素，能提高铸铁的淬透性，促进贝氏体转变。通常，Mo 与 Cu 和 Ni 一起添加使用，在共晶凝固时，Mo 呈正偏析，并且其偏析程度比 Mn 更强烈，比 Mn 更容易形成共晶碳化物，而 Cu 和 Ni 在共晶凝固时呈负偏析，能抵消部分由于 Mo 和 Mn 的正偏析而引起的显微组织的不均匀性[114]。Cu 的含量不宜多添加，防止富 Cu 相的产生。Ni 和 Cu 会阻碍奥氏体的分解，减少贝氏体等温转变产物对时间的敏感性。两者都扩大奥氏体区，形成固溶体，但不形成碳化物，并且它们都能降低冷脆转变温度。Ni 和 Cu 能明显提高贝氏体球墨铸铁的塑性和韧性，这是由于它们在等温转变时能抑制贝氏体中碳化物的形成。Ni 的添加可使得 C 曲线向右移动，淬透性提高。通过添加 Cr，可以形成 Cr 碳化物，提高材料的耐磨性，Cr 在奥氏体的扩散可使等温转变曲线右移[115]。

如上所述，贝氏体球墨铸铁最初设计的成分（质量分数）为：3.4%～3.5%C，2.0%～2.4%Si，0.3%～0.35%Mn，0.8%～0.85%Mo，0.7%～0.8%Cu，3.5%～3.55%Ni，0.6%～0.65%Cr，余下的为 Fe。本章通过热力学软件计算合金化的贝氏体球墨铸铁的析出相。在其他合金成分的含量不变的情况下，利用热力学软件分析 Si 含量为 2.0%和 2.4%（质量分数，本章下同）时球墨铸铁平衡相的变化，具体的合金化学成分见表 2-1。

表 2-1　实验用合金化球墨铸铁的化学成分　　（质量分数,%）

合金	C	Si	Mn	Mo	Ni	Cu	Cr	S	P
1 号	3.5	2.0	0.3	0.8	3.5	0.8	0.6	0.01	0.04
2 号	3.5	2.4	0.3	0.8	3.5	0.8	0.6	0.01	0.04

Thermo-Calc 热力学软件可以计算出给定成分的金属材料的相图以及组成相的含量与温度的关系[116]。就成分设计的贝氏体球墨铸铁而言，重要的数据为液相线和固相线，固相线主要为残余奥氏体、铁素体、石墨固相线以及次生相（碳化物）的温度范围。

图 2-1 和图 2-2 所示为计算设计的 1 号和 2 号成分试样的相图（温度与平衡相的体积分数的关系），每个图中分别有两个不同放大比例的相图。在图 2-1a 和图 2-2a 中相图计算的两种试样的主要相分别是液相、奥氏体相（A）、铁素体相（F）和石墨。在图 2-1 中，计算的次生相为 MC 型碳化物和 M_6C 型碳化物；图 2-2 中计算的次生相为 MC 型碳化物和 M_7C_3 型碳化物。从 Si 含量为 2.0% 和 2.4% 的合金的平衡相图中可以发现，奥氏体相和铁素体相开始析出的温度分别为 1160℃ 和 790℃，并且奥氏体的含量在温度降到 200℃ 时不再下降，以残余奥氏体的形式存在。根据相图的计算结果，合金化贝氏体球墨

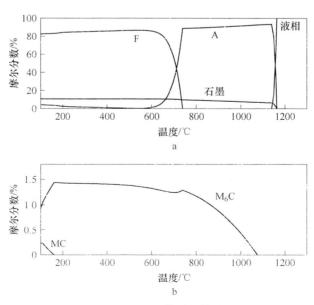

图 2-1　含 2.0%Si 的贝氏体球墨铸铁的平衡相图

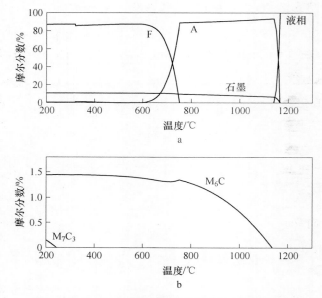

图 2-2 含 2.4%Si 的贝氏体球墨铸铁的平衡相图

铸铁中基体组织应该为石墨、铁素体、残余奥氏体和碳化物。球墨铸铁的贝氏体组织包含针状的或者片状的铁素体，并且在片层间有残余奥氏体存在。

热力学软件的计算结果表明，组织中有铁素体和残余奥氏体的存在，这符合球墨铸铁中贝氏体组织特征。热力学软件的计算结果作为分析形成贝氏体组织的理论指导，可以看出，不论 Si 含量为 2.0%还是 2.4%，添加表 2-1 中合金成分的铸铁都可以获得贝氏体组织，并且碳化物的含量也没有明显的不同；但是，当 Si 含量由 2.0%增加到 2.4%时，残余奥氏体含量减少而铁素体含量增加。由于在基体中残余奥氏体可以提高贝氏体球墨铸铁的冲击韧性和塑性，所以贝氏体球墨铸铁中 Si 的添加量为 2.0%。

2.2.2 实验材料制备

根据 Thermal-Calc 热力学软件的计算结果，并结合合金元素的不同作用，给定了相应的偏差范围，最终设计的合金化贝氏体球墨铸铁的化学成分（质量分数）为：3.4%~3.55%C，1.9%~2.1%Si，0.3%~0.35%Mn，0.8%~0.85%Mo，0.7%~0.8%Cu，3.5%~3.6%Ni，0.6%~0.65%Cr，余下的为Fe。在 5t 容量的中频感应炉内熔炼实验用球墨铸铁。当铁水温度达到 1460℃

后，将称重好的镍板、钼铁、铬铁、锰铁和硅铁添加到中频感应炉中；当添加合金的铁水达到 1680℃时，将其倒入底部已经添加了 Cu-Mg 和 Si-Ba 合金球化剂的浇包中；包内合金化铁水经过化学成分检测合格以及浇包冷却至 1360℃后，将经过孕育处理的合金化铁水进行扒渣处理后倒入转速为 750r/min 的卧式离心机中；最后将玻璃砂添加到铸件的内表面，以防止球墨铸铁被空气的中的氧气氧化。环形铸件的外径为 590mm，宽度为 1700mm，厚度为 60mm。经化学成分分析后，浇注的球墨铸铁化学成分（质量分数）为 C 3.55%，Si 1.95%，Mn 0.35%，Ni 3.58%，Cu 0.71%，Mo 0.85%，Cr 0.65%，余下的为 Fe，符合设计成分范围。

从辊套表面切取测试力学性能的样品。测试洛氏硬度的样品尺寸为 ϕ30mm×15mm，测试前经过抛光处理。测试抗压强度的样品尺寸为 ϕ4mm×6mm，设备是微机控制型电子万能实验机（SANS-CMT5105）。

铸态贝氏体球墨铸铁的试样经过机械抛光和 4%（体积分数）的硝酸酒精溶液腐蚀后，使用光学显微镜（OM，LEICA Q550IW）和扫描电镜（SEM，FEI Quanta 600）对其进行组织观察。利用透射电子显微镜（TEM，FEI Tecnai G^2 F20）观察贝氏体组织，制样过程如下：从辊套表面切割尺寸为 10mm×10mm×1mm 的薄片，利用机械减薄至 30~50μm，再把薄片经冲孔器冲成尺寸为 ϕ3mm 的圆片，最后装入离子轰击减薄机进行离子轰击减薄和离子抛光。X 射线衍射（XRD，Rigaku D/Max-2500PC）用来分析确认获得的针状贝氏体组织的本质，通过计算的晶格常数和布拉格方程来确认贝氏体球墨铸铁中各相的结构[117]。使用铜靶对试样进行扫描，扫描速率为 1°/min，角度为 40°~100°，电压为 40kV，电流为 100mA。用软件 Jade 5 分析 XRD 图谱，标定奥氏体 FCC 的 {111}、{220} 和 {311} 的晶面强度和铁素体 BCC 的 {110} 和 {211} 的晶面强度。根据上述晶面指数的积分强度，利用直接对比法计算铁素体和奥氏体的体积分数，奥氏体中碳含量的计算公式见式 (2-1)[118,119]：

$$C = (a_\gamma - 3.555)/0.044 \tag{2-1}$$

式中　C——奥氏体中碳含量的质量分数；

　　　a_γ——奥氏体的晶格常数，0.1nm。

根据 ASTM-E975 标准，残余奥氏体含量可由式（2-2）计算：

$$V_\gamma = (1 - V_C) \bigg/ \left(\frac{R_\gamma}{R_\alpha} \frac{I_\alpha}{I_\gamma} + 1 \right) \tag{2-2}$$

式中　V_γ，V_C——分别为奥氏体和碳化物的体积分数，实际计算时把石墨体
　　　　　　　积分数也归于碳化物的体积分数；

　　　　I_α，I_γ——分别为 α 相和 γ 相衍射峰的积分强度；

　　　　$\dfrac{R_\alpha}{R_\gamma}$——强度因子。

R_α 和 R_γ 的值可由式（2-3）计算：

$$R = (1/V^2)\left[F^2 p (1 + \cos^2 2\theta) / \sin^2\theta\cos\theta \right] e^{-2M} \tag{2-3}$$

式中　　　　　　　　F——结构因子；

　　　　　　　　　　p——多重因子；

　　　　　　　　　　θ——布拉格角；

　　　　　　　　　　V——晶胞的体积；

$(1+\cos^2 2\theta)/\sin^2\theta\cos\theta$——洛伦兹偏振因数；

　　　　　　　　e^{-2M}——温度系数（与 θ 为函数关系）。

　　由于金属中各相的比容关系是：奥氏体<铁素体<珠光体<贝氏体<马氏体，所以在钢的组织中当发生铁素体溶解、碳化物析出、珠光体转变为奥氏体和马氏体转变为铁素体的过程将伴随着体积的收缩；当发生铁素体析出、奥氏体分解为珠光体、贝氏体或马氏体的过程将伴随着体积的膨胀。因此可利用热膨胀法测定试样在不同冷却速率下的温度-膨胀量曲线，再由切线法测定各相变温度。

　　利用日本富士电波公司 Formastor-FII 型全自动相变仪，将坯料加工成 $\phi3mm×10mm$ 的标准试样（图 2-3），用于贝氏体球墨铸铁静态 CCT 曲线的测定。冷却过程中采用氮气自动控制冷却，用铂-铑热电偶测定温度。

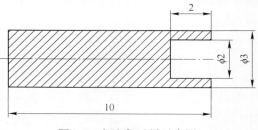

图 2-3　相变仪试样示意图

首先根据《钢的连续冷却转变曲线的测定》YB/T 5128—2018，将试样以 10℃/s 的速率加热到 500℃，再以 0.05℃/s 的速率加热到 1000℃，保温 5min，然后冷却至室温，其热处理工艺过程如图 2-4 所示。根据加热过程的热膨胀曲线，测定临界点 A_{c_1} 和 A_{c_3}。

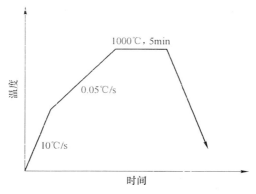

图 2-4 测定实验材料 A_{c_1} 和 A_{c_3} 点的升温方法

CCT 曲线测定工艺如图 2-5 所示，将试样以 10℃/s 的速率加热到 900℃并保温 3min，然后分别以 0.04℃/s、0.1℃/s、0.2℃/s、0.5℃/s、1℃/s、2℃/s、5℃/s、10℃/s、25℃/s 共 9 种不同的冷却速率冷却到室温，记录实验过程中的温度-膨胀量曲线，据此绘制实验铸铁的静态 CCT 曲线。

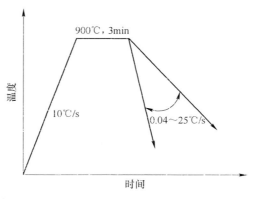

图 2-5 静态连续冷却转变工艺

铸态球墨铸铁的耐磨性采用传统的干砂/橡胶轮磨损装置进行评价，装置的示意图如图 2-6 所示。实验过程按照标准《松散磨粒磨料磨损试验方法 橡胶轮法》JB/T 7705—1995 进行，具体实验步骤如下：将试样安装在试样夹具中；进行预磨；预磨后进行称重，试样重量精确到 0.0001g；接着开始托起杠杆臂，加上使试样以 130N 力压向橡胶轮所需要的砝码；然后开阀供砂，启动实验装置，达到预定的 1400m 的摩擦行程后，手动使试样离开橡胶轮，关断流砂并停机；最后取下试样，擦拭干净，冷却后再次称量[120,121]。其中样品尺寸为 57mm×25.5mm×6mm，砂子粒度为 230/270μm，流速为 300~400g/min，采用磨损距离与磨损失重的比值评价贝氏体球墨铸铁的耐磨性。

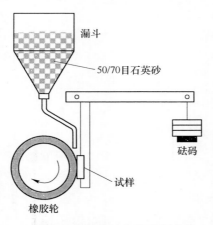

图 2-6　磨损实验机的示意图

2.3　实验结果与讨论

2.3.1　铸态贝氏体球墨铸铁的组织

图 2-7 所示为铸态样品的金相照片，可以看出，其主要由腐蚀暗的针状贝氏体型铁素体组织、腐蚀亮的残余奥氏体相、碳化物和石墨组成。石墨球周围的组织是呈细针状的贝氏体，呈薄膜状的残余奥氏体分布在细针状贝氏体周围，因为石墨球是一个碳库，故石墨球周围的组织在奥氏体化过程中能够吸收足够的碳达到稳定状态。Si 是促进石墨化的元素，在石墨球周围含量也比较高，所以抑制了碳化物在石墨球周围的析出。稳定状态的奥氏体在热处理工艺带的第一阶段和第二阶段转变成针状贝氏体，没有析出碳化物。

为进一步确定球墨铸铁中的贝氏体组织，图 2-8 给出了样品中贝氏体组织

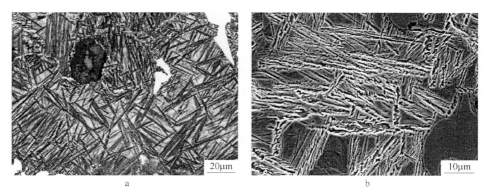

图 2-7 贝氏体球墨铸铁的显微组织照片

a—OM；b—SEM

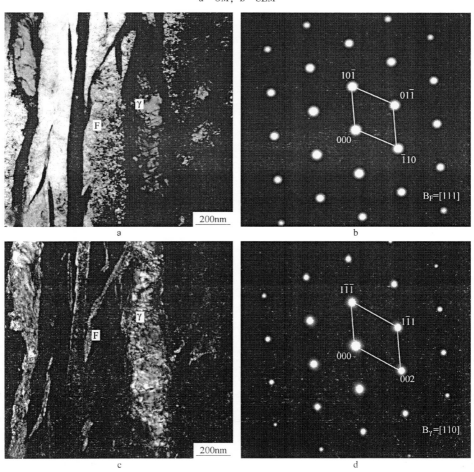

图 2-8 贝氏体球墨铸铁的 TEM 照片和 SAED 谱

a—明场像；b—铁素体 SAED 花样；c—暗场像；d—奥氏体 SAED 花样

的透射照片。图 2-8 中，图 2-8b 是电子束沿图 2-8a 中铁素体 ［111］ 晶带轴入射得到的选区电子衍射（SAED）花样，图 2-8d 是电子束沿图 2-8a 中奥氏体 ［110］ 晶带轴入射得到的电子衍射（SAED）花样，图 2-8c 是物镜光阑套住图 2-8d 中（002）衍射斑所得到的与图 2-8a 衬度互补的中心暗场像。图 2-8a 中亮的部分为铁素体，之外剩余部分全是奥氏体。

可以发现，合金化贝氏体球墨铸铁中的贝氏体组织是由铁素体片组成，这些独立的铁素体片条是贝氏体束中的亚单元，贝氏体束中所有的亚单元有相同的晶体取向。这些贝氏体束中的亚单元被沿着这些亚单元相界的薄膜状的残余奥氏体隔离开，不存在脆性的渗碳体，并且，针状的铁素体中有高的位错密度。球铁基体中这种奥氏体和贝氏体铁素体呈条状交替分布的组织结构，是奥-贝球铁具有优异强韧性的关键。残余奥氏体具有很高的塑性和韧性，能有效减缓裂纹的扩展。这种高强度针状贝氏体铁素体由于镶嵌在富碳奥氏体中，使材料有了很好的强度、硬度、塑性和韧性。

球墨铸铁在铸铁下获得贝氏体组织的原因是合金元素的添加。Mn、Ni、Cu 和 Si 固溶于奥氏体中可以降低奥氏体的自由能而增加铁素体的自由能，所以可以强烈地延缓贝氏体的转变，使贝氏体转变区向右下方移动，降低了转变的开始温度（B_s）。因此，当添加合金元素到球墨铸铁中时，球墨铸铁的贝氏体转变区会远离珠光体转变区。并且，在贝氏体转变过程中，高的 Si 含量会强烈阻止碳化物的析出，因而在贝氏体转变结束时，组织中存在富碳的未转变的奥氏体。

图 2-9 所示为合金化贝氏体球墨铸铁的 XRD 谱。在图谱中，面心立方晶格结构奥氏体的衍射峰 ｛111｝、｛200｝、｛220｝ 以及 ｛311｝ 和体心立方晶格结构的铁素体衍射峰 ｛110｝、｛200｝、｛211｝ 以及 ｛220｝ 在图谱中被标定，与图 2-8 中所示的贝氏体组织组成相符。在此贝氏体球墨铸铁中的奥氏体的晶格常数与文献 ［122］、［123］ 报道的非常一致，可确认组织中奥氏体的存在，而通过体心立方晶格结构的常数很难区分其是马氏体还是贝氏体型铁素体。在文献 ［122］、［123］ 中对球墨铸铁铸锭的回火和淬火组织进行了报道，贝氏体型铁素体的晶格常数值（a_α）的范围为（2.861~2.867）×0.1nm，而根据 XRD 分析结果显示体心立方晶格结构组织的晶格常数为 2.8664×0.1nm（表 2-2），表明其为贝氏体型铁素体。通过计算，贝氏体球墨铸铁铸

态组织中残余奥氏体的体积分数为 16%，残余奥氏体中含碳的质量分数为 1.2%。

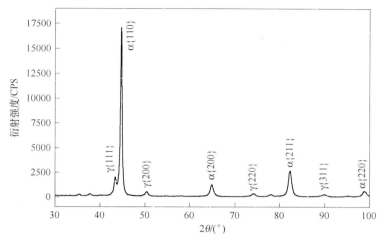

图 2-9　合金化贝氏体球墨铸铁的 XRD 图谱

表 2-2　贝氏体球墨铸铁 XRD 分析数据汇总

铁素体晶格常数 a_{α}/nm	奥氏体晶格常数 a_{γ}/nm	奥氏体的含 C 量/%	奥氏体的体积分数/%
2.8664×0.1	3.6180×0.1	1.2	16

　　图 2-10 所示为贝氏体球墨铸铁中的合金元素的分布（面扫描），可以发现元素 Cr（图 2-10b）和 Mo（图 2-10c）富集于大块的碳化物中，基体中没有发生明显的偏析；元素 Cu（图 2-10d）和 Ni（图 2-10e）均匀分布于基体中，碳化物中没有，故可以平衡晶间碳化物的析出；而 Si 在基体中均匀分布，含量较高。元素 Cr 和 Mo 可以形成稳定碳化物，从而提高贝氏体球墨铸铁的硬度。基体中分布的大量的元素 Si 阻碍了碳化物在贝氏体组织的亚单元中析出，并且促进石墨的形成。合金元素的添加使得基体组织均匀，减小了相变应力。

　　有研究表明[123]，贝氏体球墨铸铁中未转变奥氏体的形成与球铁中的成分微观偏析有很大关系。在凝固的过程中，元素 Si、Cu、Ni 等主要分布在共晶团的奥氏体中，在共晶团边界上含量较少；而 Mn、Mo、Cr 以及 Mg 等常富集在最后凝固的残存液体中，即在边界上的含量比内部高，C 的分布也是在共

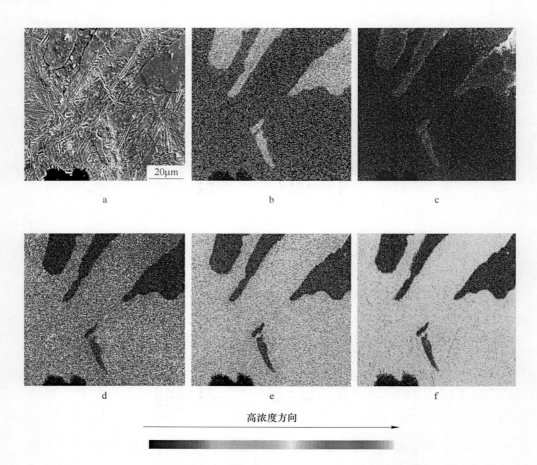

高浓度方向

图 2-10 贝氏体球墨铸铁的形貌及合金元素在基体中的分布

a—SEM 形貌；b—Cr；c—Mo；d—Cu；e—Ni；f—Si

晶团边界上高。研究的铸件尺寸愈大，奥氏体中微观成分偏析现象愈严重。微观合金元素的偏析对组织转变过程有很大影响。在共晶团内，Si 的含量高而碳化物稳定元素的浓度低，冷却的过程中，转变比较迅速；在共晶团边界上，使奥氏体稳定化，推迟奥氏体转变的合金元素富集，转变过程缓慢。进一步的研究表明：在转变的初期，已转变奥氏体的含碳量与原奥氏体含碳量之间的浓度梯度是决定转变速率的主要因素。由于在共晶团边界上含碳量高，使浓度梯度比共晶团内低，也使转变在共晶团边界上速率缓慢。以上两个因素的共同作用，是未转变奥氏体区形成的主要原因。

2.3.2 静态连续冷却转变规律

研究和生产实践表明，贝氏体球墨铸铁的基体组织与其冷却速率有密切联系[124]，特别是近年来连续冷却淬火贝氏体球墨铸铁生产技术的成功开发，使冷却速率对球墨铸铁基体组织的影响日益受到关注。本节研究冷却速率对球墨铸铁基体组织的影响，旨在合理制定球墨铸铁的铸造和热处理工艺，为提高其使用性能提供实验依据。

贝氏体球墨铸铁升温时的温度-膨胀量曲线如图 2-11 所示，测得的结果 A_{c_1} 为 650℃，A_{c_3} 为 790℃。

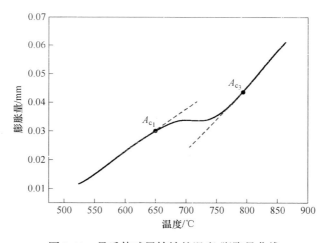

图 2-11　贝氏体球墨铸铁的温度-膨胀量曲线

图 2-12 所示为贝氏体球墨铸铁在不同冷却速率条件下的金相组织，可以看出，随着冷却速率的增加，组织中先后出现针状贝氏体、竹叶状贝氏体和片状马氏体。如图 2-12a 所示，当冷却速率为 0.04℃/s 时，组织为大量针状贝氏体、极少量马氏体和碳化物；当冷却速率为 0.1 ~0.2℃/s 时，组织为大量竹叶状贝氏体、少量针状贝氏体、少量马氏体和碳化物；当冷却速率为 0.5~25℃/s 时，可见其相变后的产物为片状马氏体及残余奥氏体。冷却速率不同，导致转变产物不同。

根据不同冷却速率下的温度-膨胀量曲线，找出不同冷速下的相变开始温度和终止温度，结合金相-硬度实验法，可以得到图 2-13 所示的贝氏体球墨铸

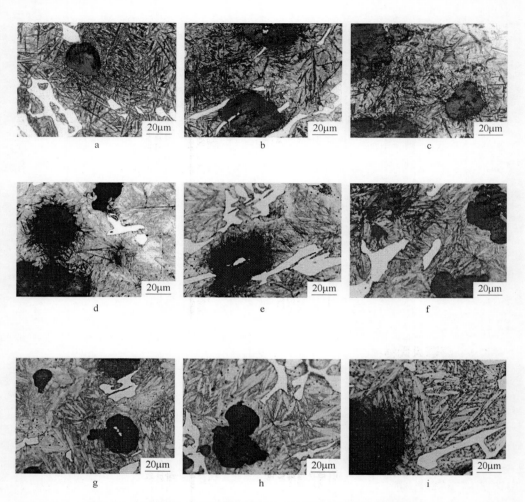

图 2-12　不同冷却速度连续冷却后贝氏体球墨铸铁的金相组织照片

a—0.04℃/s；b—0.1℃/s；c—0.2℃/s；d—0.5℃/s；e—1℃/s；

f—2℃/s；g—5℃/s；h—10℃/s；i—25℃/s

铁的静态 CCT 曲线，其中不同冷却速率下组织的硬度标在曲线图下方。

从图 2-13 可以看出，当贝氏体球墨铸铁在奥氏体化温度以不同速率冷却时，存在两种相变区：奥氏体向贝氏体转变相区和奥氏体向马氏体转变相区。当冷却速率为 0.04℃/s、0.1℃/s、0.2℃/s 时，相变组织为贝氏体和马氏体；当冷却速率为 0.5~25℃/s 时，相变组织为马氏体；随着冷速增大，马氏体转变开始点稍有下降；实验条件下未测得马氏体转变结束点。

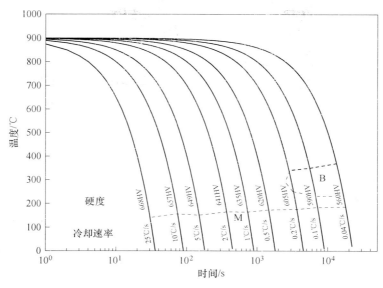

图 2-13 贝氏体球墨铸铁静态 CCT 曲线

2.3.3 铸态贝氏体球墨铸铁的硬度和抗压强度

铸态贝氏体球墨铸铁的硬度和抗压强度分别是 52HRC 和 2200MPa。表 2-3 为合金化贝氏体球墨铸铁与一种被广泛使用的耐磨高铬铸铁的硬度值和抗压强度值，可以发现铸态合金化贝氏体球墨铸铁的抗压强度明显高于高铬铸铁。金属材料的屈服过程主要依赖于位错运动，而球墨铸铁的贝氏体组织中存在高的位错密度。所以，高的硬度和抗压强度使得合金化贝氏体球墨铸铁拥有更优异的耐磨性能。

表 2-3　合金化球墨铸铁与高铬铸铁的力学性能对比

材　　料	硬度（HRC）	抗压强度/MPa
铸态合金化贝氏体球墨铸铁	52	2200
商用级高铬铸铁	54~56	1800

2.3.4 铸态贝氏体球墨铸铁的耐磨性

表 2-4 为合金化贝氏体球墨铸铁和一种商业用高铬铸铁的磨料磨损实验的对比结果。贝氏体球墨铸铁的耐磨性（磨损率）比商业用高铬铸铁提高了

2 倍，主要归因于其高的硬度和强度。并且，根据一种近似材料的现场测试[56]发现，贝氏体球墨铸铁的磨球在使用的过程中，具备很好的加工硬化效应，当磨损达到 15 天以后，大约距离磨球表面深度 1.5mm 左右的区域硬度升至 58~64HRC。加工硬化效应的产生主要归因于贝氏体球墨铸铁组织中残余奥氏体组织的存在。加工硬化效应可以有效提高材料在使用过程中的耐磨性。

表 2-4　合金化贝氏体球墨铸铁和商业用高铬铸铁磨损实验的结果

材　　料	磨损距离/m	失重/g	耐磨性/m · g^{-1}
商用级高铬铸铁	1400	1.8901	740.7
合金化贝氏体球墨铸铁	1400	0.9201	1521.7

合金化贝氏体球墨铸铁具有高的耐磨性，主要是因为：（1）元素 Si、Ni、Cu 和 Mn 固溶于贝氏体球墨铸铁组织的奥氏体中，使得基体的硬度提高；（2）元素 Cr 和 Mo 可以与 C 形成碳化物，使得球墨铸铁的硬度进一步提高；（3）针状的贝氏体型铁素体增加基体的强度。

2.4　本章小结

本章利用 Thermo-Calc 热力学软件设计了一种新型耐磨贝氏体球墨铸铁的成分，并且用离心铸造成型方法制造了此种成分的环形铸件，研究了铸态贝氏体球墨铸铁的组织，测试了其力学性能。结果如下：

（1）热力学软件 Thermo-Calc 计算结果表明，平衡状态下，组织中同时存在铁素体相和残余奥氏体相，这可以作为贝氏体形成的理论依据。Si 含量的确定依据基体组织中残余奥氏体的含量而定，因为更多的残余奥氏体可以提高贝氏体球墨铸铁的塑性和韧性。

（2）具有贝氏体组织的球墨铸铁可以通过合金化结合离心铸造成型工艺获得。设计的合金化贝氏体球墨铸铁的化学成分（质量分数）为：3.4%～3.5%C，1.9%～2.1%Si，0.3%～0.35%Mn，0.8%～0.85%Mo，0.7%～0.8%Cu，3.5%～3.6%Ni，0.6%～0.65%Cr，余下的为 Fe。基体中的元素 Si、Mn、Mo、Ni 和 Cu 可以使贝氏体转变区与珠光体转变区分离，促进贝氏体组织的形成。

（3）当贝氏体球墨铸铁在奥氏体化温度以不同速率冷却时，存在两种相变：奥氏体向贝氏体和马氏体转变。当冷却速率为 0.04℃/s 时，组织为大量针状贝氏体、极少量马氏体和碳化物；当冷却速率 0.1~0.2℃/s 时，组织为大量竹叶状马氏体、少量针状贝氏体和碳化物；当冷却速率为 0.5~25℃/s 时，其相变后的产物为片状马氏体及残余奥氏体。

（4）合金化贝氏体球墨铸铁具有良好的组织、优异的力学性能和耐磨性，其硬度和抗压强度分别为 52HRC 和 2200MPa，并且耐磨性是商用级高铬铸铁的 2 倍。

3　V 对合金化贝氏体球铁组织和性能的影响

3.1　引言

通过添加 Mo、Ni、Cu 以及 Cr 铬等合金元素，在铸态下可以获得综合性能良好的大断面贝氏体组织球墨铸铁。贝氏体球墨铸铁大都通过加 Cr 提高其耐磨性，中国的资源特点是贫 Cr 富 V，所以研究 V 对贝氏体球墨铸铁组织的影响意义重大。V 能促进贝氏体组织的形成，并能强化和细化组织，提高铸铁的强度和硬度，从而改善铸铁的耐磨性[124]。杨世能等[125]研究发现当添加质量分数为 0.105% 的 V 时，11Cr-2W 钢组织中细小的第二相弥散分布在基体中，起到沉淀强化的作用；刘克明等[126]研究发现，在中铬白口铸铁中添加 V能够强化和细化组织，提高铸铁强度和耐磨性能；李翼等[127]认为在高碳硬线钢 SWRH77B 中添加质量分数分别为 0.2% 和 0.3% 的 V 能明显促进铁素体在晶界析出。马永华等[128]研究发现在碳化物等温淬火球墨铸铁中添加质量分数超过 0.4% 的 V 后，材料的抗拉强度和韧性急剧下降。但是，V 在合金化贝氏体球墨铸铁中的应用几乎未见报道。

为进一步提高合金化贝氏体球墨铸铁的力学性能，本章在第 2 章 Mo-Ni-Cu-Cr 系合金化贝氏体球墨铸铁的基础上添加了质量分数为 0.3% 的 V，研究 V 对该球墨铸铁组织和性能影响，以开发具有良好性价比的耐磨铸铁材料，为含 V 贝氏体球墨铸铁提供生产和理论依据。

3.2　实验材料与方法

3.2.1　实验材料

实验用 Mo-Ni-Cu-Cr 系合金化贝氏体球墨铸铁的化学成分见表 3-1，1 号试样中无 V 元素，在生产过程中未添加钒铁，2 号试样中含 0.3%V（质量分数,本章下同)。该球墨铸铁的铸造过程如下:在5t中频感应炉中熔炼工业生铁,当铁水温度达到1460℃时,先进行脱硫处理,而后加入一定质量分数的电解镍板、钼铁、硅铁、中碳铬铁、锰铁和钒铁进行成分调整;采用冲入法进行球化,球化剂为Cu-Mg(化学成分为13%~15%的Mg,其余是铜)和6号合金(化学成分为44%Si,4%~6%Re,7%~9%Mg,<4%Mn,<3.0%Ca,1%Ti,其余为Fe),质量分数为1.6%,孕育剂为Si-Ba合金(化学成分为55%~60%Si,4%~6%Ba,0.5%~2.5%Ca,其余为Fe);出炉温度为1360℃,将铁水浇注于离心铸造机的型腔中,型腔内壁涂上混制发酵好的石英粉涂料,型腔温度为190~200℃,离心机转速为750r/min。合金化贝氏体球墨铸铁铸件的外径为590mm,长1700mm,厚60mm。

表3-1　合金化贝氏体球墨铸铁的化学成分　　　　(质量分数,%)

材料	C	Si	Mn	Mo	Ni	Cu	Cr	S	P	V
1号	3.55	1.95	0.35	0.85	3.58	0.71	0.65	0.01	0.04	—
2号	3.55	1.97	0.36	0.80	3.79	0.75	0.64	0.01	0.04	0.3

3.2.2　实验方法

将铸件破碎后,利用线切割机在铸件表面截取试样。金相试样经研磨、抛光和含体积分数4%的硝酸酒精溶液侵蚀后,采用光学显微镜(OM,LEICA Q550IW)和扫描电子显微镜(SEM,FEI Quanta 600)观察含V和不含V的合金化贝氏体球墨铸铁组织,并用X射线衍射(XRD,Rigaku D/Max-2500PC)进一步确认合金化贝氏体球墨铸铁中的相及测试计算残余奥氏体的含量,残余奥氏体的含量可由式(2-2)求得。

利用FEI Tecnai G^2 F20型透射电子显微镜(TEM)和附带的Inca X-Act型能谱仪(EDS)分析V的析出物形貌及成分,透射电镜试样先利用机械研磨至厚度约50μm,而后经过离子减薄获得。采用KB3000BVRZ-SA型万能硬度仪和FM-700型显微硬度计进行宏观和微观硬度测试,试样尺寸为φ30mm×15mm,每组试样测定5个点,取平均值。根据《金属材料　夏比摆锤冲击试验方法》GB/T 229—2007标准,采用JB-30B型冲击实验机进行冲击韧性实验,采用无缺口标准试样,尺寸为10mm×10mm×55mm。按照《松散磨粒磨

料磨损试验方法　橡胶轮法》JB/T 7705—1995，采用干砂-橡胶轮磨损装置进行磨损实验，试样尺寸为 57mm×25.5mm×6mm，砂子粒度为 230/270μm，流速为 300~400g/min，加载力为 130 N，总的磨损路程为 1400 m，计算其磨损前后的质量损失，用磨损距离与磨损失重的比值评价耐磨性。

3.3　实验结果与讨论

3.3.1　V 对贝氏体球墨铸铁显微组织的影响

由图 3-1 可以看出，两种贝氏体球墨铸铁均由针状下贝氏体组织、共晶碳化物和石墨球组成。球墨铸铁之所以在铸态下可以获得贝氏体组织，主要是由于添加了合金元素，起到了合金化作用。Mn、Ni、Cu 和 Si 等固溶于奥氏

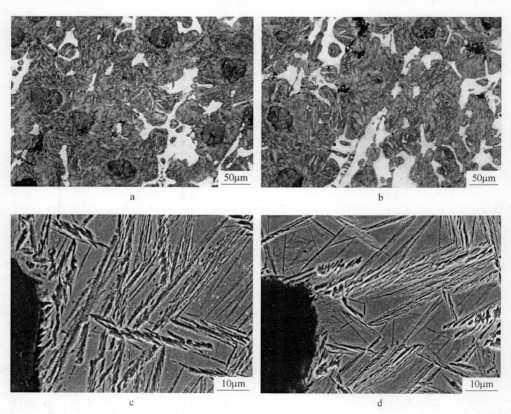

图 3-1　不同 V 含量的合金化贝氏体球墨铸铁的显微组织

a—OM（无 V）；b—OM（0.3%V）；c—SEM（无 V）；d—SEM（0.3%V）

体，增加了铁素体的自由能，降低了奥氏体的自由能，延缓了贝氏体转变，使得贝氏体转变区向右移动，并与珠光体转变区分离。高的 Si 含量阻碍了贝氏体转变时碳化物的析出，所以，在贝氏体片层间无碳化物析出。对比两种成分的合金贝氏体球墨铸铁基体组织，可以发现，含 V 的贝氏体球墨铸铁基体组织中针状贝氏体组织的亚片层更细小。

由图 3-2 可以进一步确认组织中的相组成及残余奥氏体的含量，可以发现含 0.3%V 的合金化贝氏体球墨铸铁有明显的 Fe_3C 峰，通过计算得出不含 V 合金化贝氏体球铁中含残余奥氏体体积分数为 16.0%，含 V 的合金化贝氏体球墨铸铁中残余奥氏体体积分数为 18.5%。可以得出，随着 V 的添加基体组织中残余奥氏体含量增加，碳化物的含量也有所增加。这主要是因为 V 是强化铁素体和奥氏体的元素，其固溶于奥氏体中可以降低碳的扩散速率，从而延缓奥氏体的转变，使得过冷奥氏体组织变得更加稳定，难以发生转变。

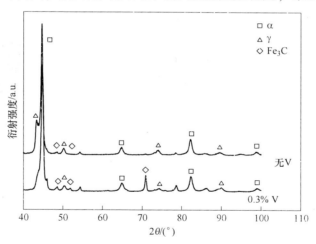

图 3-2　不含 V 和含 V 的合金化贝氏体球墨铸铁的 XRD 衍射图谱

由图 3-3 可以看出，在贝氏体和奥氏体基体中分布着纳米级球状颗粒，对其进行 EDS 分析可知，该颗粒组成为含 V 的碳化物。这是因为 V 含量为 0.3%V 时超过了 V 在奥氏体中的固溶度，V 以 VC 形式析出。VC 的析出使得冷却过程中奥氏体向铁素体转变时的界面移动变得困难，使得奥氏体组织更加稳定，起到析出强化的作用。在奥氏体内析出的纳米级 VC 颗粒，在贝氏体相变区域内，由于其与铁素体为共格、半共格的低界面能，从而促进了晶内形核的针状铁素体的形成[129,130]。

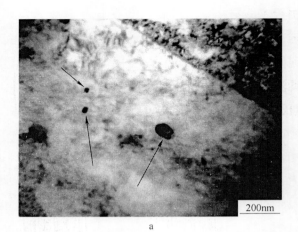

a

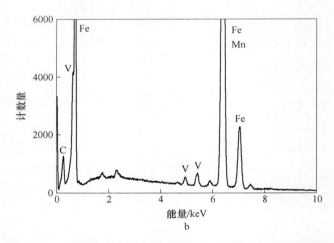

b

图 3-3 含 V 贝氏体球墨铸铁基体中析出物形貌的 TEM 照片及 EDS 谱

a—TEM 照片；b—EDS 谱

利用 Thermal-Calc 热力学软件计算了含 V 试样的相图，结果如图 3-4 所示。由图 3-4 可知，在凝固过程中，随着温度的降低，V 在奥氏体中的溶解度降低，当温度降低至 950℃ 左右时，V 以 VC 颗粒的形式从奥氏体中析出，与 TEM 分析结果一致。而贝氏体组织在 750℃ 左右形核，先析出的 VC 颗粒使得贝氏体组织的转变过冷度增大，给形核带来更大的驱动力。研究表明[131]，球墨铸铁中的贝氏体组织在石墨/基体界面上形核，晶界也是形核的位置。但是，当过冷度足够大时，在奥氏体的晶粒内部贝氏体晶粒也可以形核。先析出的 VC 颗粒为贝氏体组织提供了更多的有利形核位置，细化了贝氏体组织。由于 V 是强碳化物形成元素，在连续冷却条件下，其与碳的相互作用减小了形核长大期针状贝氏体的长大速率，从而使铁素体相变起始温度和终止温度区间增大，其总的效果是降低了含 V 合金化贝氏体球墨铸铁的铁素体转变平均温度，增加了过冷度，减小了平均片层间距；并且此时析出的 VC 颗粒对奥氏体具有"钉扎"作用[128]，阻碍了晶界的移动，提高了奥氏体的稳定性。

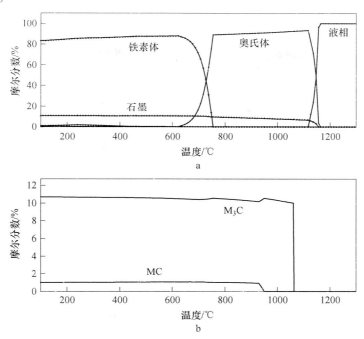

图 3-4　含 V 的合金化贝氏体球墨铸铁的平衡相图

3.3.2　V 对贝氏体球墨铸铁力学性能的影响

由表 3-2 可以看出，含 V 试样基体的显微硬度比不含 V 的有所提高，这主要是由于 V 的添加使贝氏体组织变细，根据 Hall-Petch 关系，贝氏体组织的硬度随之增大，此为细晶强化，此外，弥散的 VC 颗粒使得位错运动变得困难，从而起到了析出强化作用；含 V 试样中渗碳体的硬度也比不含 V 的略有提高，这主要是因为 V 固溶于渗碳体当中，对渗碳体起到固溶强化作用。含 V 试样的冲击功比不含 V 试样的提高了 1 倍多，这主要是因为 V 延缓了奥氏体中碳的扩散，使基体中奥氏体的含量增加，而奥氏体的韧性良好，从而使含 V 试样的韧性增加。含 V 的合金化贝氏体球墨铸铁试样的耐磨性比不含 V 试样提高了近 1 倍。

一般认为，磨料磨损质量损失由两部分组成[132,133]，见式（3-1）：

$$W = W_c + W_f \qquad\qquad (3-1)$$

式中　W_c——切削破坏质量损失；

W_f——疲劳破坏质量损失。

表 3-2　不同含 V 量的合金化贝氏体球墨铸铁的力学性能

材料	基体显微硬度（HV）	渗碳体显微硬度（HV）	宏观硬度（HRC）	冲击韧性/J	失重/g	耐磨性/m·g^{-1}
不含 V	614	1001	52.0	2.1	1.008	1388.8
含 0.3%V	638	1160	56.2	4.3	0.5312	2635.5

对于切削破坏，由于含 V 试样的硬度较高，磨损后其 W_c 值低于不含 V 试样的，此外，含 V 试样组织中的残余奥氏体含量较多，能提供高的表面加工硬化率，进一步降低了 W_c；对于疲劳破坏，含 V 试样的韧性较好，同时残余奥氏体膜包围着铁素体，阻止了裂纹的萌生与扩展，导致 W_f 值也降低，W_c 和 W_f 的同时降低对磨料磨损失重的影响构成了总的失重值。

由图 3-5 可以看出，在石英砂磨料下，不含 V 和含 0.3%V 试样的磨损机理均为塑性变形疲劳和显微切削，都有亚表层微裂纹扩展造成的剥落；不含 V 试样的犁沟长而深，表层剥落程度较大。说明含 V 的贝氏体球墨铸铁的耐磨性明显优于不含 V 贝氏体球墨铸铁。

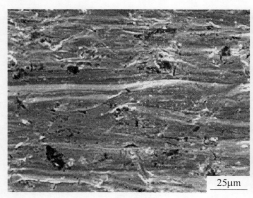 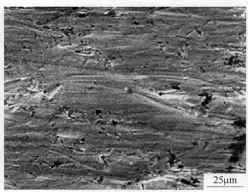

a   b

图 3-5　不同 V 含量的合金化贝氏体球墨铸铁磨损形貌的 SEM 照片

a—不含 V；b—含 0.3%V

3.4 本章小结

本章采用光学显微镜（OM）、扫描电子显微镜（SEM）、透射电子显微镜（TEM）以及洛氏硬度计、冲击实验机、干砂橡胶轮磨损实验机等手段，研究了 0.3%V 的加入对贝氏体球墨铸铁显微组织和硬度、冲击韧性及耐磨性的影响；并结合 Thermal-Calc 热力学软件计算了含 V 的贝氏体球墨铸铁相图，研究了 V 的析出行为和该铸铁的强化机制。结果如下：

（1）与不含 V 合金化贝氏体球墨铸铁试样相比，含 V 的贝氏体球墨铸铁中贝氏体组织较细小，残余奥氏体和渗碳体含量增加，在其贝氏体基体中弥散分布着纳米尺度的含 V 碳化物颗粒。

（2）含 V 的合金化贝氏体球墨铸铁试样的硬度比不含 V 试样提高了 4.2HRC，冲击功提高了 1 倍以上，其主要强化机制为细晶强化和析出强化。

（3）含 V 的合金化贝氏体球墨铸铁试样的耐磨性比不含 V 试样提高了近 1 倍，两种合金化贝氏体球墨铸铁试样的磨损机制均为塑性变形疲劳和显微切削。

4 耐磨贝氏体球墨铸铁等温淬火工艺与性能研究

4.1 引言

等温淬火热处理工艺包含两个过程：奥氏体化过程和奥氏体等温转变过程。铸件的奥氏体化温度范围为 850~982℃，保温足够的时间可使基体全部转变为奥氏体（γ），奥氏体等温转变过程需要快速淬入恒温介质中，温度为 260~400℃，保温时间为 2~4h。在奥氏体等温转变过程中的第一阶段，奥氏体转变为铁素体（α）和高碳奥氏体（γ_{HC}）；如果铸件在此过程保温时间过长，就会发生第二阶段反应，此时高碳奥氏体进一步转变成为铁素体和 ε 型碳化物。当组织中含有 ε 型碳化物时，材料塑性会急剧下降，脆性增加。由于 ε 型碳化物是对材料力学性能不利的成分，所以这个阶段的反应应该避免。如今，已有学者针对 ADI 材料的热处理工艺参数进行了大量研究，但是对采矿行业大尺寸高压辊磨机用合金化球墨铸铁的等温淬火热处理工艺的研究还很少。

V 是生铁资源中常见的微量元素，在中铬白口铸铁中可以增加其淬透性和耐磨性[126]。对铁素体球墨铸铁而言，王禹等[134]研究发现添加 V 会降低淬透性；而李翼等[127]得出了不同的结果，添加量低于 0.3%（质量分数）的 V 可以增加淬透性。对于含 V 的合金化球墨铸铁的等温淬火热处理工艺的研究更少。

近几十年，ADI 被广泛应用于机械部件中，如齿轮和曲柄等[135~137]，其在使用过程中产生滑动和滚动磨损。随着 ADI 在磨损领域的应用明显增加，这些零部件在使用的过程中还需要承受黏着磨损、磨料磨损、疲劳磨损和冲蚀磨损等。Cardoso 等[132]评价了一组球墨铸铁和一种白口铸铁的力学性能和磨料磨损性能；而最近 Zhang 等[133]研究了三种强度级别的 ADI 和高碳铬轴承钢的高载荷滚动滑动磨损性能；还有一些学者研究了滑动速率[138]、等温淬火温度[139~141]、显微组织[142,143]、石墨形状[144,145]以及合金元素[146~148]等对 ADI 耐磨性能的影响。对于大断面的合金化球墨铸铁，不同等温淬火温度及相对应的组织对其磨料磨损性能的影响应该进行进一步的研究。

随着对矿山工业中大型辊磨机辊面材料强度和耐磨性的要求不断提高，继续研发辊面用高强高耐磨的等温淬火合金化球墨铸铁具有重要意义。本章研究的目的是根据对含 V 和不含 V 的合金化贝氏体球墨铸铁组织控制和对硬度、抗压强度、耐磨性的评价获得理想的等温淬火工艺，并且分析经不同等温淬火温度和时间处理的合金化球墨铸铁的磨损机理。

4.2　不同等温淬火温度对合金化球墨铸铁组织及性能的影响

4.2.1　实验材料与方法

实验材料为合金化球墨铸铁，其化学成分（质量分数）为：3.55% C，1.95% Si，0.35% Mn，3.58% Ni，0.71% Cu，0.85% Mo，0.65% Cr，余下的为 Fe，与第 2 章所用材料成分相同。本章依据 JMatPro 软件计算的 TTT 曲线来确定最佳的等温淬火温度范围从而获得贝氏体组织。具体的热处理工艺如图 4-1 所示，首先，将合金化球墨铸铁在箱式电阻炉中进行奥氏体化，奥氏体化温度为 850℃，保温 1h；随后在盐浴炉（55%KNO$_3$+45%NaNO$_3$，体积分数）中进行等温淬火处理（isothermal quenching，IQ），温度分别为 275℃、300℃、325℃，保温 2h；最后，试样冷却至室温。

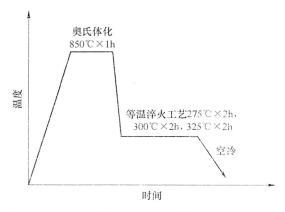

图 4-1　合金化耐磨球墨铸铁的等温淬火工艺示意图

试样在室温下进行机械研磨和用 4%（体积分数）硝酸酒精腐蚀后，采用光学显微镜（OM，LEICA Q550IW）和透射电镜（TEM，FEI Tecnai G^2 F20）观察经等温淬火处理的合金化球墨铸铁的显微组织。TEM 样品制备方法为：机械研磨至厚度约 50μm 后，再使用冲孔器冲出直径为 3mm 的圆片，由于球墨铸铁成分的电化学性能差别太大不宜用电解抛光，故采用氩气离子减薄。用 X 射线衍射仪（XRD，D/Max-2500PC）进一步分析针状贝氏体组织的本质[117]。使用铜靶对试样进行扫描，扫描速率为 1°/min，角度为 40°~100°，电压为 40kV，电流为 100 mA。用软件 Jade 5 分析 XRD 图谱，确定峰的位置，标定奥氏体 FCC 的 {111}、{220}、{200} 和 {311} 的晶面强度和铁素体 BCC 的 {110}、{200}、{220} 和 {211} 的晶面强度。根据上述晶面指数的积分强度，利用直接对比法计算铁素体和奥氏体的体积分数，奥氏体中的碳含量的计算公式采用式（2-1），根据 ASTM-E975 标准，不同等温淬火温度的残余奥氏体含量可由式（2-2）计算[127,148]。

采用 KB3000BVRZ-SA 型万能硬度计进行洛氏硬度测试，每组试样测定 5 个点，取平均值。室温抗压强度在 SANS-CMT5105 型万能实验机上进行测试，加载速率为 0.5mm/min，其样品尺寸为 φ4mm×6mm 的标准试样，每组测定 3 个试样，取平均值。热处理的合金化球墨铸铁采用根据标准 ASTM-G65 制定的 MLG-130 干砂-橡胶轮磨损装置进行磨损性能评价。磨损装置的轮子是橡胶材质，硬度为 A-60，砂子粒度为 0.212~0.3mm，流速为 300~400g/min，加载力为 130N，总的磨损路程为 1400m。磨损样品尺寸为 57mm×25.5mm×6mm，每组 3 个样，取平均值。用磨损距离与失重的比值评价耐磨性。

利用扫描电镜（SEM，Quanta 600）对在不同等温淬火温度下处理的合金化球墨铸铁的磨损形貌进行观察。

4.2.2　实验结果与讨论

4.2.2.1　合金化球墨铸铁的 TTT 曲线分析

利用 JMatPro 软件计算的合金化球墨铸铁的等温转变（TTT）曲线如图 4-2 所示，可以看出，贝氏体转变温度分为两个温度区间，上贝氏体转变温度范围为 350~450℃，下贝氏体转变温度范围为 200~350℃，计算结果与报道的一种合金化球墨铸铁相同[149]。

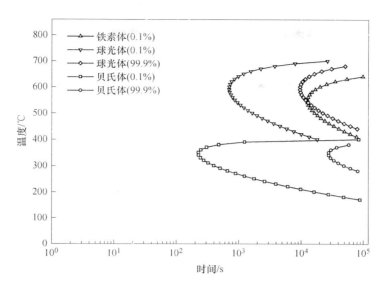

图 4-2 JMatPro 软件计算的合金化耐磨球墨铸铁的 TTT 曲线

从 TTT 曲线中可以看出，贝氏体在转变过程中孕育时间最短时对应的温度为 350℃，该温度下，奥氏体相转变为贝氏体的铁素体相经过 12000s 的时间停止。众所周知，在双相的贝氏体球墨铸铁中，等温淬火保温时间较长时，就会发生奥氏体等温转变的第二阶段，析出碳化物。在相对较低的温度区间（350~250℃），相对应的孕育时间也较短（220~1000s）。在两个温度区间（450~350℃和350~200℃）转变的贝氏体形貌不同：上贝氏体的形貌为羽毛状的，下贝氏体的形貌为片状的[149]。从 TTT 曲线中可以发现，贝氏体转变区与珠光体转变区（650~450℃）明显分离，这主要是合金元素的影响所致。

通过添加 Cu、Ni 和 Mo 等合金元素（添加质量分数为 0.2%~5.0%），奥氏体转变区扩大，贝氏体的转变区与珠光体转变区分离。合金化球墨铸铁具有高的强度归功于下贝氏体组织的存在。为获得较多稳定的无碳化物析出的贝氏体组织，根据 TTT 曲线，确定奥氏体等温转变温度为 350~250℃，保温时间为 2h，期望可获得优异的力学性能。

4.2.2.2 等温淬火温度对显微组织的影响

图 4-3 所示为经过不同等温淬火温度处理的合金化球墨铸铁的金相组织，

可以发现，在 275℃、300℃、325℃等温处理的合金化球墨铸铁组织为较暗的针状铁素体、腐蚀较亮的奥氏体、部分马氏体、碳化物和石墨球。

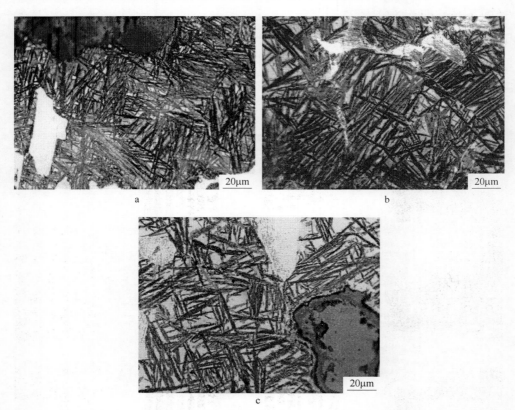

图 4-3　不同等温淬火温度处理的合金化球墨铸铁的金相组织照片

a—275℃；b—300℃；c—325℃

合金化耐磨球墨铸铁在较低温度（275℃）等温淬火处理后组织为典型的贝氏体组织，即针状的贝氏体型铁素体和少量的残余奥氏体。当等温淬火温度由 275℃增加到 325℃时，奥氏体和铁素体逐渐粗化，贝氏体型铁素体转变为片状，并且组织中的残余奥氏体含量增加。当转变温度较低时，过冷度较大，形核率升高，组织中存在大量的细的铁素体针；当转变温度较高时，形核率较低，铁素体针减少并且粗化[31]。组织中并没有发现粗化的羽毛状的贝氏体，这与 TTT 曲线的计算结果一致。

为进一步确认等温淬火合金化球墨铸铁组织的组成，图 4-4 列出了等温淬火温度为275℃的球墨铸铁TEM显微照片（图4-4a）及奥氏体［110］晶带轴（图4-4b）、马氏体［111］晶带轴（图4-4c）、铁素体［211］晶带轴（图4-4d）的选区电子衍射花样。从显微照片中可以发现，贝氏体组织是无碳化物的贝氏体，这些独立的片层是每一束组织里的"亚片层"，在每一束组织里所有的亚片层有相同的晶体取向，亚片层之间被薄膜的未转变的奥氏体分离开。如图4-4a所示，这些不稳定的奥氏体会转变为马氏体，而铸态组织中没有发现马氏体。这些相的形貌也同样可以在等温淬火保温300℃和325℃的组织中观察到。

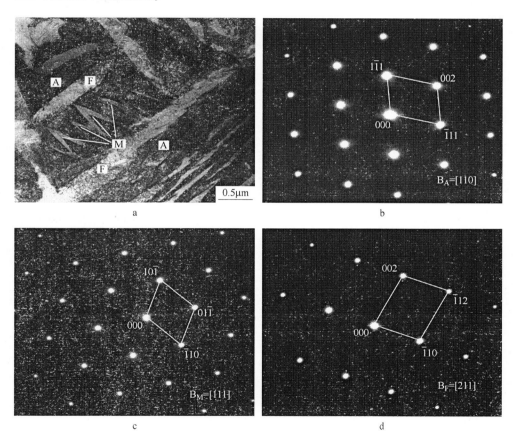

图4-4 等温淬火处理的合金化球墨铸铁的TEM显微照片和SAED谱

a—275℃等温淬火2h；b—奥氏体SAED花样；c—马氏体SAED花样；d—铁素体SAED花样

合金化耐磨球墨铸铁等温转变时间较短时，当冷却至室温后，奥氏体的含碳量较低，不稳定。贝氏体型铁素体周围的奥氏体含碳量较高而且稳定，而远离铁素体的奥氏体含碳量较低，不稳定。并且，在石墨球附近有更多的贝氏体型针状铁素体，远离石墨球贝氏体型针状铁素体相对较少。铁素体转变开始于石墨球附近，因为石墨和奥氏体的边界有利于铁素体形核，随后晶核向奥氏体晶界方向生长。这些在奥氏体晶界附近长大的铁素体是无碳化物贝氏体，所以在石墨球和铁素体附近的奥氏体富碳，而远离这些区域的含碳量较少的奥氏体在空冷时转变为马氏体。当等温淬火温度为275℃时，马氏体含量增加，主要是因为奥氏体的含碳量较低。当等温淬火温度为325℃时，马氏体的含量减少。

为进一步对合金化球墨铸铁的显微组织进行相分析，图4-5列出了球墨铸铁在275℃、300℃、325℃等温处理的XRD图谱。因为马氏体晶胞为四方晶格结构，所以其峰比较宽，叠加在铁素体 {110} 晶面指数的峰上，不能形成独立可以被看清的峰，这种现象在含 Cu 和 Cu+Ni 合金球墨铸铁中也被报道过[52]。经过275℃等温淬火处理的球墨铸铁奥氏体 {111} 晶面指数峰的强度较弱，当等温淬火稳定增加到300℃和325℃时，奥氏体 {111} 晶面指数峰的强度增加，说明随着等温淬火温度的增加，球墨铸铁组织中奥氏体的含量增加。BCC 铁素体 XRD 峰的宽度增加说明等温淬火合金化耐磨球墨铸铁中铁素体为主要成分。

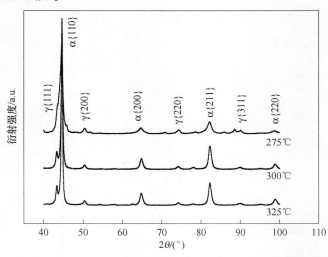

图4-5 经过275℃、300℃、325℃等温淬火处理后的合金化球墨铸铁的 XRD 图谱

图 4-6 所示为等温淬火温度对奥氏体体积分数和奥氏体中碳含量的影响曲线，可以看出，随着等温淬火温度的增加铁素体的体积分数减小，而相应的奥氏体的含量和奥氏体的含碳量增加。随着奥氏体等温转变温度的升高，残余奥氏体的含碳量增加。在等温淬火过程中，铁素体针长大，导致余下未转变的奥氏体继续吸收碳原子，碳含量逐渐增加。根据贝氏体相变动力学，铁素体在奥氏体晶界析出，并把碳排向周围的奥氏体[150,151]。当等温淬火温度较低时，低的扩散率和较快的贝氏体相变动力导致扩散到奥氏体中的碳含量较低，稳定性变差。相反地，当等温淬火温度上升，更多的碳扩散到周围的奥氏体。当等温淬火温度达到 325℃时，奥氏体中碳的扩散率提高，随着针状铁素体的长大，奥氏体富碳。因此，奥氏体中的含碳量和残余奥氏体的数量明显增加。

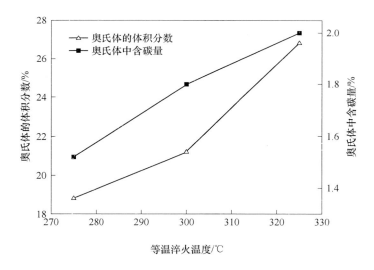

图 4-6　等温淬火温度与合金化耐磨球墨铸铁中奥氏体的
体积分数和奥氏体中的碳含量的关系曲线

4.2.2.3　等温淬火温度对硬度和抗压强度的影响

表 4-1 列出了合金化球墨铸铁在不同等温淬火温度下热处理的硬度和抗压强度。可以看出当等温淬火温度由 275℃增加到 325℃时，等温淬火球墨铸铁的硬度略降低，抗压强度明显增加。

表 4-1   不同等温淬火温度热处理的合金化耐磨球墨铸铁的硬度和抗压强度

等温淬火温度/℃	硬度（HRC）	抗压强度/MPa
275	58.4	1770
300	56.8	2320
325	54.1	2510

随着等温淬火温度的升高，组织粗化，奥氏体含量增加。而较软的奥氏体相增加，等温淬火球墨铸铁的硬度降低。而且，晶粒粗化也导致硬度降低[31]。当等温淬火温度由275℃增加到325℃时，奥氏体体积分数的增加以及奥氏体和铁素体粗化共同导致了硬度的降低。根据图4-6中奥氏体的碳含量的变化曲线，可以发现，当奥氏体转变温度提高时，更多的碳扩散到周围的奥氏体中，残余奥氏体的含量明显增加，这样，马氏体的转变量减少。马氏体是一种硬脆相，其含量减少导致变形量增加，抗压强度提高。

4.2.2.4   等温淬火温度对耐磨性的影响

合金化耐磨球墨铸铁经过275℃、300℃、325℃等温淬火处理后，其磨损失重和耐磨性列于表4-2。可以看出，随着等温淬火温度的提高，合金化耐磨球墨铸铁的耐磨性提高。

表 4-2   不同温度等温淬火处理后合金化耐磨球墨铸铁的磨损失重和磨损表面硬度

等温淬火温度 /℃	失重 /g	耐磨性 /m·g⁻¹	磨损表面硬度（HRC）
275	0.8288	1689.2	58.9
300	0.7908	1770.4	56.5
325	0.6580	2127.7	54.3

图4-7所示为等温淬火合金化耐磨球墨铸铁的硬度和抗压强度对磨料磨损性能影响的关系曲线。曲线关系表明，随着抗压强度的增高，磨料磨损性能提高；随着硬度的降低，磨料磨损性能增加，这结果与文献［142］不同。

图4-8所示为等温淬火合金化球墨铸铁磨损形貌的 SEM 照片，可以发现试样的磨损形貌为典型的浅的磨痕沟槽，并且伴有一些小的凹点，一些粗化的沟槽相互交织在一起。很显然，这些沟槽和磨痕是由磨带与试样间的石英

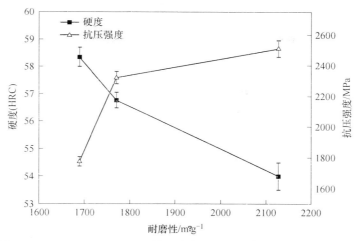

图 4-7　275℃、300℃、325℃等温淬火处理后的合金化耐磨球铁硬度、
抗压强度与耐磨性的关系曲线

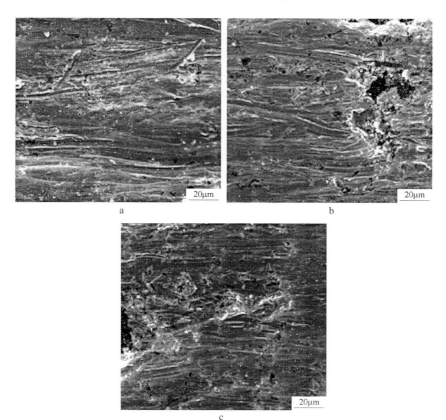

图 4-8　不同等温淬火温度处理的合金化球墨铸铁磨损表面形貌的 SEM 照片

a—275℃；b—300℃；c--325℃

砂和颗粒磨损所致。在一些大的磨痕和一些比较深的宽的沟槽附近存在明显的塑性变形，尤其是在 300℃和 325℃等温淬火后的合金化球墨铸铁的磨损表面存在塑性变形。上述观察说明，磨损形式主要是机械切削和塑性变形，所以等温淬火合金化球墨铸铁的耐磨性应该结合硬度和抗压强度进行分析。

一般认为，三体静态磨料磨损失重由切削破坏失重值 W_c 和由于相变和反复塑性变形引起的疲劳破坏失重值 W_f 两部分组成。石英砂的硬度值为 750HV，比等温淬火合金化球墨铸铁的硬度值略高，所以磨料可以被压入基体中，对基体产生切削。一般来说，等温淬火球墨铸铁的硬度对耐磨性的影响较大。当等温淬火温度为 275℃时，合金化耐磨球墨铸铁的 W_c 值最低，接着分别是等温淬火温度为 300℃和 325℃的合金化球墨铸铁。但是，磨料石英砂的硬度比等温淬火合金化球墨铸铁的硬度略高，这样，基体的硬度对磨料磨损失重影响不是很明显。就 W_f 而言，表 4-2 中磨损表面的硬度值没有明显变化，所以磨损的过程中没有马氏体相变，相变对 W_f 的影响可以忽略。在三体磨料磨损条件下，考虑用抗压强度表征塑性变形能力。随着等温淬火温度的增加，抗压强度增加，导致疲劳破坏失重值 W_f 降低。从表 4-1 中可以发现，在较高的温度下进行等温淬火处理后，合金化球墨铸铁的抗压强度较高，这说明在 325℃进行等温淬火处理，合金化球墨铸铁拥有最高的抗疲劳磨料磨损性能，在 300℃和 275℃等温淬火处理的合金化球墨铸铁抗疲劳磨料磨损性能依次降低。尽管机械切削磨损对耐磨性有影响，但是在三体静态磨料磨损过程中，疲劳磨对磨损失重占据着主导作用。在这种情况下，等温淬火球墨铸铁的耐磨性的提高需要硬度和抗压强度的适当配合。

4.3 等温淬火热处理对含 V 合金化球墨铸铁组织和性能的影响

4.3.1 实验材料与方法

在其他化学元素不变的情况下，分别设计了无 V（试样 A）和含 0.3%V（试样 B，质量分数，本章下同）的两种球墨铸铁，其化学成分见表 4-3，所用材料与第 3 章相同。将铸件破碎后，利用线切割方法截取数个尺寸为 125mm ×30mm ×30mm 的试样用于后续热处理。首先，在箱式电阻炉中进行奥氏体化，奥氏体化温度为 850℃，保温 1h；随后在盐浴炉（55% KNO₃ +

45%NaNO₃，体积分数）中进行等温处理（isothermal quenching，IQ），等温处理温度为 300℃，保温时间分别为 2h、3h、4h。对相应热处理工艺的试样进行组织演变分析和力学性能测试。

表 4-3　合金化球墨铸铁的化学成分　　　　　　（质量分数，%）

试样	C	Si	Mn	Mo	Ni	Cu	Cr	S	P	V
A	3.55	1.95	0.35	0.85	3.58	0.71	0.65	0.01	0.04	—
B	3.55	1.97	0.36	0.80	3.79	0.75	0.64	0.01	0.04	0.3

采用光学显微镜（OM，LEICA Q550IW）和透射电镜（TEM，FEI Tecnai G² F20）表征铸态和经不同保温时间处理的等温淬火合金化球墨铸铁的显微组织，并用 X 射线衍射仪（XRD，D/Max-2500PC）分析其相组成，使用铜靶对试样扫描，扫描角度为 40°～100°，电压为 40kV，电流为 100mA。根据 ASTM-E975 标准，残余奥氏体含量可由式（2-2）计算[118,119]。

热处理球墨铸铁采用根据标准 ASTM-G65 制定的干砂-橡胶轮磨损装置进行磨损性能评价。分别采用 KB3000BVRZ-SA 型万能硬度计进行洛氏硬度测试，每组试样测定 5 个点，取平均值。室温抗压强度在 SANS-CMT5105 型万能实验机上进行测试，其样品尺寸为 φ4mm×6mm 的标准试样，每组测定 3 个试样，取平均值。利用扫描电镜（SEM，Quanta 600）进行磨损形貌的观察，用磨损距离与磨损失重的比值评价耐磨性。

4.3.2　实验结果与讨论

4.3.2.1　等温淬火保温时间对合金化球墨铸铁组织的影响

在不同保温时间下等温淬火合金化球墨铸铁的组织如图 4-9 所示，可以发现，组织中都存在残余奥氏体、铁素体、马氏体、碳化物和石墨。图4-9a～c 是无 V 合金化球墨铸铁经过等温淬火 2h、3h、4h 的金相图片，而图 4-9d～f 是含 V 合金化球墨铸铁经过温淬火处理 2h、3h、4h 的金相图片。经过 2h 等温淬火处理后，两种合金化球墨铸铁的组织明显不同。无 V 合金化球墨铸铁的组织中有较高含量的马氏体（图 4-9a）。根据文献［152，153］报道，当等温淬火保温时间较短时，奥氏体中含碳量不能富集到足够使奥氏体稳定的程度，也就是说此时碳的富集，没有使奥氏体转变成马氏体的临界温度 M_s 点低于室温。在随后的冷却过程中，远离铁素体的残余奥氏体转变成马氏体[154,155]。对含 V 合金化球墨铸铁组织而言，其组织中贝氏体更加细化，奥氏体含量较多（图 4-9d）。V 固溶于奥氏体中，所以其具有良好的热稳定性，限制了晶界移动，阻碍了铁素体的粗化。Qi 等[156]关于材料加入 V 的报道的结论与本章一致。经过等温淬火 3h 处理以后，无 V 合金化球墨铸铁组织中具有更多稳定的高碳奥氏体（图 4-9b），而含 V 的合金化球墨铸铁相反（图 4-9e）。对无 V 合金化球墨铸铁而言，随着等温淬火保温时间的增加，奥氏体和铁素体（奥铁组织）转变量增加，马氏体含量减少，并且岛状奥氏体存在于组织中，这说明此阶段的转变较快而且组织均匀。对含 V 合金化球墨铸铁来说，在等温淬火过程中，推测已经开始第二阶段转变，但是在光学显微镜下难以确认。图 4-9c 和 f 为两种合金化球墨铸铁经过等温淬火处理 4h 后的金相组织，发现组织中残余奥氏体含量进一步减少，铁素体变得粗化。

根据经过等温淬火保温处理 2h、3h、4h 的合金化球墨铸铁的 X 射线衍射图谱，可以发现组织中的相变。无 V 合金化球墨铸铁的 XRD 图谱如图 4-10a 所示，发现组织中有大量的马氏体。这归因于马氏体的四方晶格类型，因为马氏体峰较宽，叠加在铁素体 {110} 峰上，所以使得铁素体峰无法体现出独立的峰线[52]。尽管随着针状贝氏体的长大，奥氏体的含碳量增加，但是由于保温时间（2h）的不足，不是所有奥氏体的含碳量都达到使其稳定的程度，所以当空冷至室温时，一些不稳定的奥氏体转变成为马氏体。

当等温淬火保温时间增加到 3h（图 4-11），组织中没有马氏体，残余奥氏体的含量达到最大值。当等温淬火保温时间为 4h 时（图 4-10a），M_3C 型碳化物晶面指数峰值增强，组织中 M_3C 型碳化物含量明显增加。这种现象可以推断出富碳的奥氏体进一步分解为铁素体和碳化物。当保温时间为 3h 时，奥氏体等温转变阶段为第一阶段；当保温时间较长时（4h），发生奥氏体等温转变的第二阶段反应。图 4-11 中奥氏体体积分数与时间的关系曲线也反映出当保温时间为 4h 时稳定的奥氏体含量减少。

根据图 4-10b 的 XRD 图谱发现，含 V 合金化球墨铸铁组织中含有较多的 M_3C 型碳化物。合金化球墨铸铁中添加 V 后组织中有碳化物的形成。V 在奥氏体中有较高的固溶度积，使得在等温淬火过程中碳在奥氏体中的扩散程度

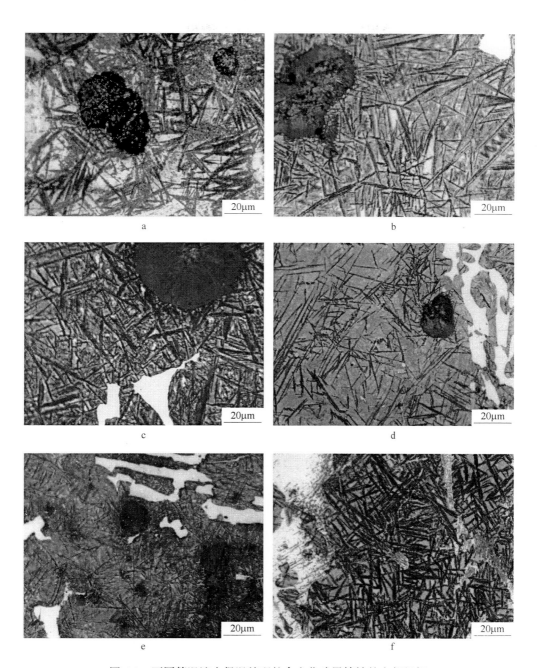

图 4-9 不同等温淬火保温处理的合金化球墨铸铁的金相组织

a—2h, 0%V; b—3h, 0%V; c—4h, 0%V; d—2h, 0.3%V; e—3h, 0.3%V; f—4h, 0.3%V

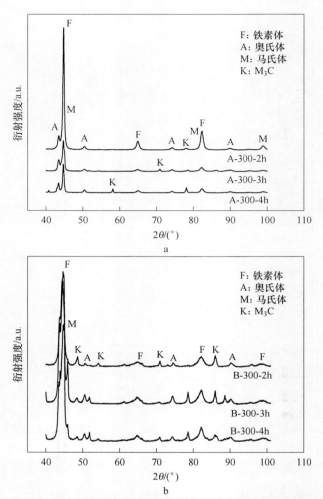

图 4-10 合金化球墨铸铁等温处理 2h、3h、4h 的 XRD 图谱

a—不含 V；b—含 0.3%V

降低[157]。等温淬火保温 2h 后，有少量的细针状的铁素体形成，组织中存在很多未来得及转变的奥氏体，当冷却至室温时，其中不稳定的奥氏体转变成马氏体。尽管 V 的添加延长了贝氏体的转变，但是促进了碳化物的析出，增加了贝氏体的形核率，使铁素体针得到细化。当含 V 合金化球墨铸铁等温淬火保温 3h，发生奥氏体等温转变第二阶段，V 的添加促进了奥氏体分解使碳化物的析出。由图 4-11 可以看出，含 V 合金化球墨铸铁保温 4h 后组织中奥氏体的体积分数比保温 3h 略有减少，可以推断出第二阶段反应奥氏体的分解达到最大程度。

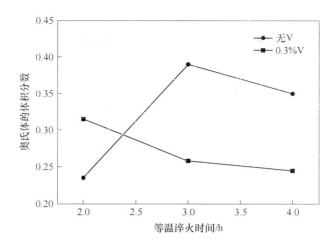

图 4-11　合金化球墨铸铁中奥氏体体积分数与时间的函数关系

众所周知，等温淬火过程的延长使得铁素体和碳化物粗大，但是这种现象很难用光学显微镜验证。图 4-12 所示为含 V 合金化球墨铸铁等温淬火保温 4h 的透射电镜（TEM）照片。根据铁素体相的选区电子衍射（SAED）谱发现，针状的铁素体为片状的，并且，根据析出物的 EDS 图谱（图 4-12b）发现奥氏体晶内存在一些（Fe，Cr，V）C 型碳化物，证实这些碳化物结构是复杂的，因为它由两种以上元素组成。

通常情况下，含 V 合金化球墨铸铁经过等温淬火保温较短的时间后，奥铁体转变量较多，转变速率快，所有组织中马氏体和不稳定的奥氏体含量较低，转变产物更加细化和均匀化。对于含 V 合金化球墨铸铁，当等温淬火保温时间为 2h 时，开始发生奥氏体转变第二阶段转变。根据 Bayati 和 Elliot 文献[51]中给出的定义，最佳的热处理工艺带（OPW）是奥氏体转变第一阶段（$\gamma \rightarrow \gamma_r + \alpha$，贝氏体转变）和第二阶段（$\gamma_r \rightarrow \alpha + carbide$）之间的时间段，此时等温淬火工艺转变开始，组织中不稳定的奥氏体含量低于 1%（体积分数），并且组织中没有马氏体存在。根据这个定义，V 的添加使得 OPW 结束时间提前，也就是使 OPW 变窄。也可以解释为，V 促进了第二阶段（$\gamma_r \rightarrow \alpha + carbide$）第二相的析出，使得第二阶段的反应开始较早。V 使得 OPW 变窄的作用与 Mn 的作用一致[158]。

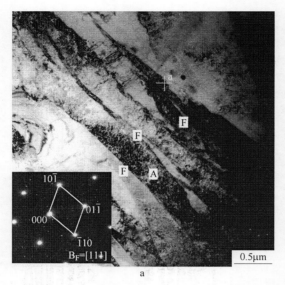

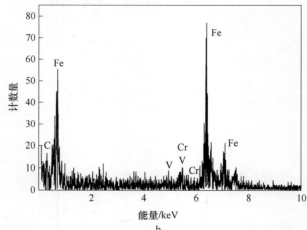

图 4-12 等温淬火保温 4h 后含 V 合金化球墨铸铁的 TEM 照片和析出物的 EDS 谱

a—TEM 照片；b—析出物 EDS 谱

4.3.2.2 等温淬火保温时间对硬度和抗压强度的影响

图 4-13 所示为两种合金化球墨铸铁的硬度值与等温淬火保温时间的关系，可以发现，含 V 合金化球墨铸铁的硬度值明显高于无 V 合金化球墨铸铁的硬度值，这主要因为 V 的添加促进碳化物的形成并细化了针状的贝氏体。对于无 V 合金化球墨铸铁经过等温淬火保温 3h 处理后，组织中有少量的马氏

体，基体组织中主要是贝氏体（奥铁体）。正如一些研究者[159] 报道的，随着等温淬火保温时间增加，奥氏体发生转变，奥氏体的体积分数增加，马氏体含量减少，与图 4-11 所示结果一致。因此，其硬度值随着保温时间的增加而降低（图 4-13）。奥氏体体积分数减少意味着开始发生奥氏体转变第二阶段反应，但是由于铁素体的粗化，硬度值降低。对于含 V 合金化球墨铸铁，当等温淬火保温时间达到 3h 后开始发生奥氏体转变第二阶段反应。当等温淬火保温时间达 4h 后，相比于保温时间 3h 的硬度值其硬度值略降，主要是由于（Fe，Cr，V）C 析出物对硬度值的影响较大。

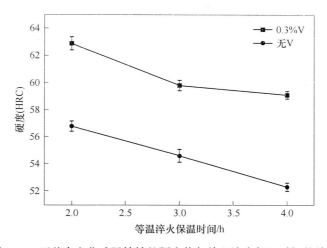

图 4-13　两种合金化球墨铸铁的硬度值与等温淬火保温时间的关系

图 4-14 所示为两种合金化球墨铸铁的抗压强度值与等温淬火保温时间的关系曲线，可以看出，无 V 合金化球墨铸铁的抗压强度随着等温淬火保温时间增加到 3h 而增加至最大值（2500MPa），等温淬火保温时间为 2h 和 4h 的无 V 合金化球墨铸铁拥有较低的抗压强度。当等温淬火保温时间较短时，含量高的不稳定的奥氏体和高碳马氏体的存在对抗压强度不利，使材料脆性增加。脆性马氏体含量的增加使得材料的脆性增加，这与文献［51］报道的结果一致，他们认为马氏体的存在导致晶间断裂，当增加等温淬火保温时间时，其断裂为穿晶断裂。

对于含 V 合金化球墨铸铁而言，其抗压强度明显高于不含 V 的球墨铸铁。V 可以促进稳定的碳化物形成，以此显著提高材料的抗压强度。当等温

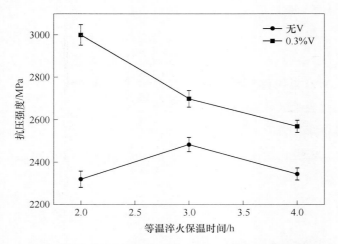

图 4-14　两种合金化球墨铸铁的抗压强度值与等温淬火保温时间的关系

淬火保温时间较短时，含 V 合金化球墨铸铁拥有高的抗压强度；而保温时间增加，抗压强度降低。这种现象主要是因为低碳马氏体的存在，以及在保温时间较短时奥铁体的转变量为最大值。

4.3.2.3　等温淬火保温时间对耐磨性的影响

等温淬火保温时间对两种合金化球墨铸铁耐磨性的影响曲线如图 4-15 所示，可以发现，含 V 合金化球墨铸铁的耐磨性高于无 V 的，这是因为含 V 合金化球墨铸铁拥有更高的硬度，使得材料具备更好的耐磨性。

据文献［160］［161］报道，对于提高耐磨性而言，基体的组织和碳化物的形态比材料的硬度作用更大。对于这两种球墨铸铁，随着等温淬火保温时间的增加耐磨性降低，当等温淬火保温时间增加到 4h 时，无 V 合金化球墨铸铁的耐磨性降低不明显。

磨损实验在常温下进行，加载力为 130N，磨损形貌如图 4-16 所示。根据无 V 合金化球墨铸铁的形貌（图 4-16a~c），磨损表面存在较深的沟槽和严重的塑性变形。很明显，这些沟槽和压痕是由磨损过程中磨带上的石英砂所致。同时，在一些深和宽的沟槽以及强度较低的石墨球附近区域存在塑性变形。含 0.3%V 合金化球墨铸铁的磨损表面形貌（图 4-16d~f）相对平滑，沟槽也相对较浅，尤其是等温淬火保温时间为 2h 的试样形貌（图 4-16d），其试样表

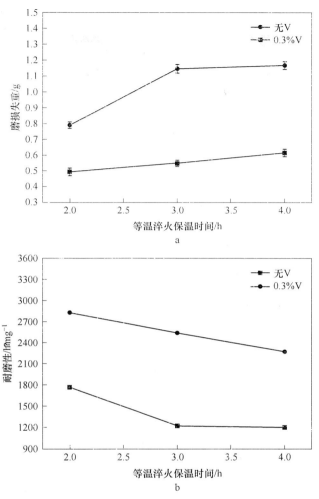

图 4-15 不同等温淬火保温时间处理后的两种合金化球墨铸铁的磨损实验结果

a—磨料磨损失重；b—耐磨性

面更为平滑。这说明含 V 合金化球墨铸铁对压痕和塑性变形的抵抗力较强。这主要归功于高硬度的含 V 的碳化物，它能有效抵抗表面金属基体与石英砂直接的接触造成的破坏。另外，细化的组织和均匀分布的碳化物也能有效保护基体组织，减少沟槽的深度。

通过对磨损表面形貌的观察发现，磨损的方式主要是机械切削和塑性变形，所以，两种合金化球墨铸铁的耐磨性评价应该结合硬度和抗压强度。根据两种合金化球墨铸铁在不同等温淬火保温时间处理后的硬度值（图 4-13）

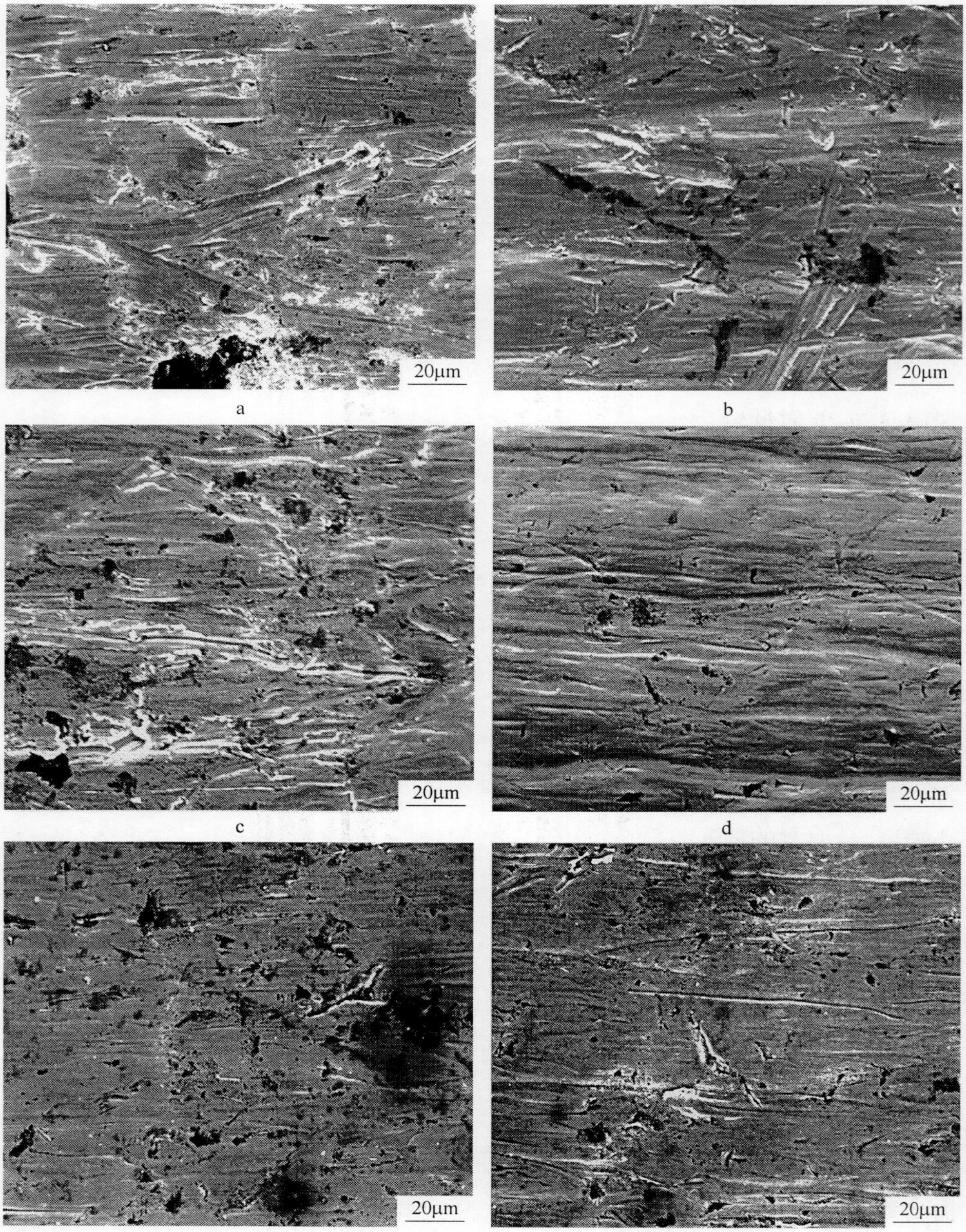

图 4-16 不同等温淬火保温时间处理的两种合金化球墨铸铁的磨损表面形貌的 SEM 照片

a—2h, 0%V; b—3h, 0%V; c—4h, 0%V; d—2h, 0.3%V; e—3h, 0.3%V; f—4h, 0.3%V

和抗压强度值（图 4-14），可以发现，硬度对耐磨性的影响更明显，尤其是含 V 合金化球墨铸铁而言。

在静态三体磨料磨损条件下，反复塑性变形主要影响材料的疲劳失重，而抗压强度用来表征材料抵抗塑性变形的能力。对于无 V 合金化球墨铸铁而言，等温淬火保温时间达到 3h 时，其抗压强度增加，疲劳失重值降低，拥有最高的耐疲劳磨料磨损性能；当等温淬火保温时间增加，其抗压强度减少，相应的疲劳失重值增加。在静态三体磨料磨损条件下，尽管机械切削磨损对磨料磨损性能有影响，但是疲劳磨损对于无 V 合金化球墨铸铁的总磨损失重而言更为重要。虽然无 V 合金化球墨铸铁等温淬火保温时间 3h 后其硬度值比保温时间 2h 时低较多，但是其耐磨性只是稍微降低。在这种情况下，在含 V 合金化球墨铸铁硬度值大约增加到 59HRC 的情况下，机械切削磨损占主导作用，否则疲劳破坏机制也起很大作用。

4.4　本章小结

为进一步提高新型耐磨合金化球墨铸铁的力学性能，本章研究了不同等温淬火温度和时间对合金化球墨铸铁组织和力学性能的影响。结果如下：

（1）计算出的合金化耐磨球墨铸铁 TTT 曲线表明，贝氏体转变温度范围为 250~450℃，与珠光体转变范围分离，这主要归因于合金元素 Cu、Ni 和 Mo 等合金元素的添加。等温淬火合金化耐磨球墨铸铁的组织由针状的铁素体、奥氏体、马氏体以及分散的石墨球组成。当等温淬火温度由 275℃ 增加到 325℃ 时，铁素体的体积分数降低，相应的奥氏体的体积分数和奥氏体中的含碳量增加。

（2）随着等温淬火温度的增加，合金化球墨铸铁的硬度降低，抗压强度值增加。力学性能发生变化是因为随着等温淬火温度的增加奥氏体的含量增加、组织粗化以及马氏体的转变量降低。

（3）在干砂/橡胶轮磨损条件下，等温淬火球墨铸铁的磨损机制为显微切削和塑性变形，耐磨性的提高需要硬度和抗压强度的良好配合。随着等温淬火温度的提高，合金化耐磨球墨铸铁的磨料磨损性能降低。

（4）当 V 被添加到合金化球墨铸铁中以后，奥铁体的转变孕育期延长，转变产物更加细小和均匀。V 的添加促进第二阶段转变过程中第二相碳化物的析出，促进第二阶段转变开始，所以最佳热处理工艺带 OPW 变窄。含 V 合金化球墨铸铁经过等温淬火保温 3h 后其残余奥氏体含量明显高于不含 V 的，主要原因是 V 减缓了 C 原子的长程扩散速率，所以获得了更多的奥铁体组织。

（5）对于无 V 合金化球墨铸铁而言，获得较优组合的硬度和抗压强度值的等温淬火保温时间为 3h；对于含 V 合金化球墨铸铁而言，获得较优组合的硬度和抗压强度值的等温淬火保温时间为 2h。

（6）V 可以显著增加合金化球墨铸铁的耐磨性。对于合金化球墨铸铁而言，当其硬度值大约增加到 59HRC 时，机械切削磨损机制占主导作用。

5 合金化贝氏体球铁回火处理及组织性能研究

5.1 引言

等温淬火是一种获得高性能贝氏体球墨铸铁的低成本工艺[162~166]，其工艺参数主要是为了获得下贝氏体组织的等温淬火温度和时间。由于下贝氏体组织细小，且具有较好的力学性能和耐磨性，在较低的淬火温度范围，如200~350℃即可获得[167]。对于淬火态球墨铸铁，为了获得高耐磨性和良好的塑韧性，进行后续的回火是必要的。文献［168］的研究表明，较高的回火温度（430~450℃）可以得到全贝氏体基体组织的球墨铸铁，但其塑韧性较差，强度硬度较高。对含有 Mo、Ni 和 Mn 的淬火态低合金双相球墨铸铁，Rashidi 等[169]研究了在 300~600℃ 回火不同时间时性能的变化，结果表明，在 400~500℃ 回火时冲击韧性和伸长率有明显升高，而极限抗拉强度降低。尽管国内外研究人员在回火温度对淬火态贝氏体球墨铸铁的影响方面开展了一定的研究工作[168,169]，但是，对淬火态贝氏体球墨铸铁的回火机制仍然缺乏了解。开展这方面的研究，对于制定合适的回火工艺以获得较佳力学性能和高抗磨性的淬火态贝氏体球墨铸铁具有重要的理论意义。由于含 V 贝氏体球墨铸铁中存在网状渗碳体，影响冲击韧性和耐磨性，为此消除贝氏体球墨铸铁中的网状渗碳体使其团球化具有重要的意义。

基于上述考虑，本章对含有 Mn、Ni、Cu、Mo 和 Cr 等合金元素的大断面合金化贝氏体球墨铸铁进行等温淬火处理，随后分别进行低温、中温和高温回火处理，重点研究回火后的组织演变和力学性能，并考察了回火温度对耐磨性的影响，以确立较佳的热处理工艺参数，从而提高贝氏体球铁的冲击韧性和耐磨性，扩大贝氏体球墨铸铁的应用范围。

5.2 等温淬火合金化贝氏体球墨铸铁的回火组织与性能

5.2.1 实验材料与方法

实验材料为在某钢厂 5t 中频感应炉冶炼的合金化贝氏体球墨铸铁，其化学成分（质量分数）为：3.55%C，1.95%Si，0.35%Mn，3.58%Ni，0.71%Cu，0.85%Mo，0.65%Cr，余下的为 Fe，成分与第 2 章相同。将铸件破碎后，利用线切割方法截取数个尺寸为 $\phi40mm\times80mm$ 的圆棒用于后续热处理，其过程为：在箱式电阻炉中先进行奥氏体化，其工艺为 850℃×1h；随后在盐浴炉中进行等温淬火（isothermal quenching，IQ），工艺为 300℃×2h，最终进行回火处理（isothermal quenching+tempering，IQ-T），温度分别为 300℃、450℃、600℃，均保温 2h，样品分别记为 IQ-T-300、IQ-T-450 和 IQ-T-600，热处理工艺如图 5-1 所示。

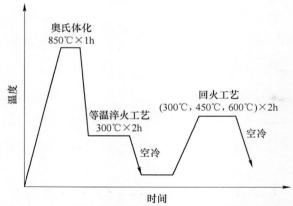

图 5-1 合金化贝氏体球墨铸铁等温淬火及后续回火热处理工艺示意图

采用光学显微镜（LEICA Q550IW，OM）和电子探针显微镜（JEOA JXA-8530F，EPMA）分析淬火态和经不同温度回火处理后的合金化贝氏体球墨铸铁的显微组织，并用 X 射线衍射（XRD，Rigaku D/Max-2500PC）分析直接淬火及淬火+不同温度回火的合金化贝氏体球墨铸铁中的相组成和测算残余奥氏体含量，残余奥氏体含量由式（2-2）计算[118,119]。利用透射电镜（Tecnai G^2 F20，TEM）观察组织形貌和析出相的形态及分布，其样品制备过程为：先用线切割法切取尺寸为 0.5mm×10mm×10mm 的片状试样，机械研磨至 50μm 后，在专用冲孔器上冲出 φ3mm 的小圆片，再用离子减薄。

分别采用 KB3000BVRZ-SA 型万能硬度计和 FM-700 型显微硬度计进行宏微观硬度测试，每组试样测定 5 个点，取平均值。室温抗压强度在 SANS-CMT5105 型万能实验机上进行测试，其样品尺寸为 φ4mm×6mm 的标准试样，每组试样测定 3 个，取平均值。采用干砂-橡胶轮磨损装置进行磨损性能测试，其过程按《松散磨粒磨料磨损试验方法 橡胶轮法》JB/T 7705—1995 标准进行，主要实验过程如下：将尺寸为 57mm×25.5mm×6mm 的长方体试样放入干砂-橡胶轮磨损装置中，托起杠杆臂，在其上加 130N 力的砝码，使其压向试样与橡胶轮，打开供砂阀，控制硅砂粒度为 230/270μm，流速为 300~400g/min，磨损里程为 1400m。利用 Quanta 600 扫描电镜（SEM）进行磨损形貌的观察，用磨损距离与磨损失重的比值评价耐磨性。

5.2.2 实验结果

5.2.2.1 合金化贝氏体球墨铸铁等温淬火组织

图 5-2 所示为等温淬火合金化贝氏体球墨铸铁显微组织的金相照片，可以看出，其组织由针状贝氏体组织（针状铁素体）、残余奥氏体、马氏体、共晶碳化物、石墨和少量马氏体组成。残余奥氏体呈块状和薄膜状，而薄膜状的残余奥氏体的衬度较暗，不易辨别。

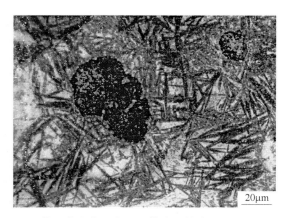

图 5-2 等温淬火合金化贝氏体球墨铸铁的金相组织照片

图 5-3a 所示为经过 IQ 处理后的合金化贝氏体球墨铸铁在 TEM 下的马氏

体形貌，马氏体是片状的，其相界轮廓较模糊，这是由于马氏体相变属于无扩散型相变，与奥氏体的成分相同或相近。马氏体板条的相界面与晶内成分差异也较小，这是不容易被腐蚀清晰的缘故。在马氏体片间存有薄膜状的残余奥氏体相，如图 5-3a 中 A 所示；图 5-3c、d 分别为沿马氏体 [110] 和 [135] 晶带轴入射得到的电子衍射花样。将衍射斑标定后可以看出，合金化贝氏体球墨铸铁组织中马氏体属于孪晶型，从图 5-3a 方框中马氏体的放大像（图 5-3b）可以清晰看出孪晶马氏体内部存在大量的孪晶。这是由于奥氏体中碳含量较高，马氏体相变开始点温度 M_s 较低，奥氏体在较低的温度进行转变时容易进行孪晶切变，大量的孪晶亚结构强化了马氏体基体。

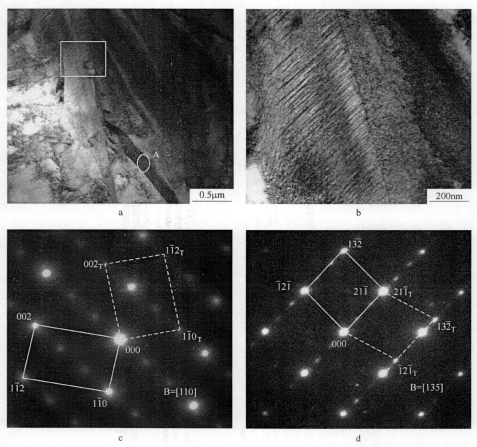

图 5-3 等温淬火合金化贝氏体球墨铸铁中马氏体的 TEM 像及 SAED 谱

a—TEM 像；b—马氏体放大像；c—马氏体沿 [110] 晶带轴入射 SAED 花样；

d—马氏体沿 [135] 晶带轴入射 SAED 花样

5.2.2.2 等温淬火合金化贝氏体球墨铸铁的回火组织

等温淬火态合金化贝氏体球墨铸铁经不同温度回火处理后，其组织如图5-4所示。由图5-4a 和 b 可以看出，当回火温度为300℃时，大部分残余奥氏体转变为针状下贝氏体，马氏体仍然保持淬火态马氏体形貌，部分马氏体板条束发生回复与多边形化。马氏体在低温回火后经过碳和间隙元素的扩散、聚集和重新分布，位错密度降低，板条边界逐渐消失。部分马氏体板条贯穿原来的整个奥氏体晶粒，板条束之间形成亚结构单元，马氏体板条长度与宽度尺寸不同，部分板条束合并后尺寸变大。随着贝氏体的不断转变和长大，奥氏体中含碳量进一步升高，高的含碳量使孪晶切变转化成滑移切变温度升高，有利于孪晶切变的产生[170]。当回火温度升至450℃时，残余奥氏体组织进一步减少，贝氏体组织粗大化，马氏体发生过饱和碳的脱溶，导致马氏体含量的减少（图5-4b）。当回火温度升高到600℃时，残余奥氏体几乎全部发生分解，转变为铁素体和碳化物，而马氏体中的碳进一步脱溶，向铁素体转变的同时析出二次碳化物（图5-4c）。

回火过程因温度的差异，等温淬火合金化贝氏体球墨铸铁一般具有不同的组织和性能特征。究其本质而言，可以简单归纳为两个方面：在成分的分配上，包含因热激活引起的原子长程扩散和局部浓度梯度引起的迁移（即短程扩散）以及因溶解度的差异表现出的在过饱和固溶体中第二相粒子的析出行为；在晶体空间点阵的重新构建上，表现为较大弹性畸变能的释放，伴随的现象为回复和再结晶。一方面，回复过程中位错通过迁移，重新组合或消失，使位错密度降低，同时产生某些亚结构的改变，这是软化的过程；另一方面，由于位错为原子扩散提供了快速通道，回火过程碳原子容易偏聚于位错塞积处，随回火温度提高和回火时间延长，在位错缠结处析出碳化物，这种弥散、细小的碳化物能更有效钉扎位错，使屈服强度进一步提高，塑性降低，这是强化过程[171,172]。

采用 XRD 物相分析，可以进一步确定经过 IQ 和 IQ-T 处理的合金化贝氏体球墨铸铁中的相组成及残余奥氏体含量，如图5-5所示。随着回火温度的升高，试样中铁素体的半峰高变得尖锐，说明铁素体晶粒长大，并且渗碳体的半峰高较 IQ 处理后的试样更为明显，说明回火处理后试样的内应力得到释

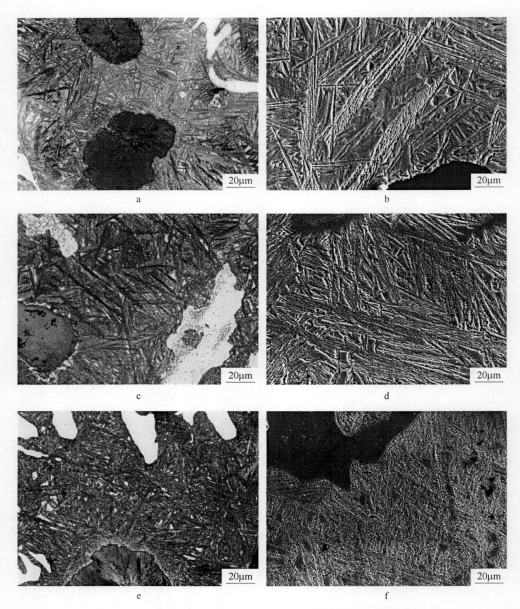

图 5-4 不同回火温度的淬火态合金化球墨铸铁的 OM 像和 SEM 像

a—300℃，OM 像；b—300℃，SEM 像；c—450℃，OM 像；

d—450℃，SEM 像；e—600℃，OM 像；f—600℃，SEM 像

放，并且当回火温度达 600℃时，二次析出相渗碳体的含量增加。奥氏体含量的计算结果见表 5-1，可以看出，回火使淬火态的合金化贝氏体球墨铸铁中

的残余奥氏体含量减少；当回火温度达 600℃时，残余奥氏体含量急剧减少。以上说明，回火过程不仅包含残余奥氏体分解（由回火后残余奥氏体量减少判定）的过程，也存在碳从马氏体向奥氏体分配（扩散）的过程。

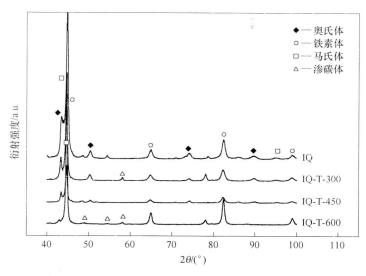

图 5-5 合金化贝氏体球墨铸铁经 IQ 和 IQ-T 处理后的 XRD 衍射图谱

表 5-1 合金化贝氏体球墨铸铁经 **IQ** 和 **IQ-T** 处理后的奥氏体含量

工 艺	IQ	IQ-T-300	IQ-T-450	IQ-T-600
奥氏体含量（体积分数）/%	25.0	18.3	17.2	5.3

图 5-6 所示为合金化贝氏体球墨铸铁在不同回火温度下的 TEM 像，由图 5-6a可见，300℃回火后，贝氏体板条界面尚清晰，析出的二次碳化物呈球状，析出量较少，主要位于板条边界上，相应的衍射花样表明这些衍射花样为 M_2C 型碳化物。由图 5-6b 可以看出，450℃回火后，贝氏体板条界面趋于融合状态，板条内和板条界面均有析出物产生，而且板条界的析出物尺寸较大，约为 80~90nm，而板条内的析出物较为细小，分布弥散，对应的衍射花样分析表明其也是 M_2C 型碳化物。由图 5-6c 可以看出，600℃回火后，贝氏体板条界面已经相互融合，大部分奥氏体已经转变为铁素体，铁素体组织粗大化，并且在原来贝氏体板条界面处有大量二次析出物，呈球状和方形，尺寸较大，板条内的析出物尺寸也比 450℃回火后的大，衍射花样分析表明其为渗碳体。析出相应为在马氏体内形核、生长，最终呈现椭球形或矩形，而

长条形和椭球形的界面能高于平衡球形界面能，若长时间高温回火，长条形或椭球形析出自发向球形演化。对碳化物进一步做 EDS 分析（图 5-7），表明在 300℃和 450℃回火时的碳化物主要为 Mo_2C，还固溶有少量的 Cr 和 Ni。

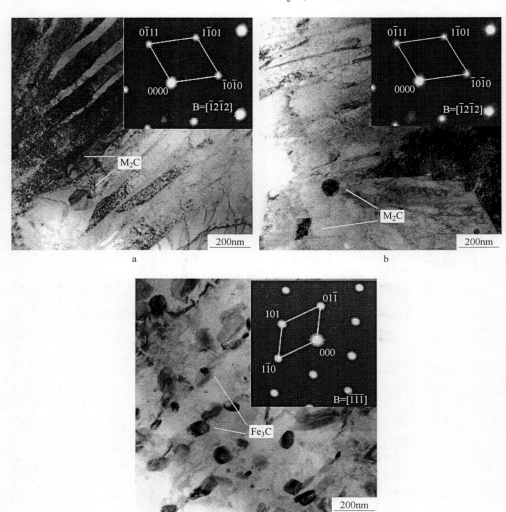

图 5-6 不同温度回火的淬火合金化球墨铸铁的 TEM 像及碳化物 SAED 谱

a—300℃；b—450℃；c—600℃

5.2.2.3 回火处理对力学性能的影响

由表 5-2 可以看出，随着回火温度的升高，等温淬火态合金化贝氏体球

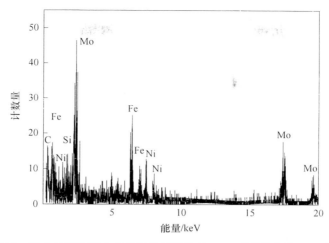

图 5-7 回火处理的淬火态贝氏体球墨铸铁 M_2C 型碳化物的 EDS 分析

墨铸铁的基体显微硬度（除去共晶渗碳体）呈线性大幅度降低，而在 300℃回火时基体的硬度高于直接淬火态合金化贝氏体球墨铸铁；回火后，碳化物的显微硬度较等温淬火态降低，并且在 450℃回火时，其显微硬度达到最低值；基体和共晶渗碳体显微硬度的共同作用导致等温淬火态合金化贝氏体球墨铸铁的宏观硬度随着回火温度的升高而逐渐降低；基体对宏观硬度的贡献大于共晶渗碳体，主要是由于基体在组织中均匀分布而且所占比例较大。而抗压强度则随着回火温度的升高而降低，并且在 300℃回火时抗压强度值略高于等温淬火态合金化贝氏体球墨铸铁。等温淬火态合金化贝氏体球墨铸铁经过不同温度回火后，压缩率在 450℃回火时达最大值。

表 5-2 不同热处理工艺的合金化贝氏体球墨铸铁的力学性能

工艺	基体显微硬度（HV）	共晶渗碳体显微硬度（HV）	宏观硬度（HRC）	抗压强度/MPa	压缩率/%
IQ	571.3	1045.5	56.8	2320	18.0
IQ-T-300	619.6	906.5	54.9	2390	21.1
IQ-T-450	540.0	746.9	51.3	2300	26.7
IQ-T-600	452.4	994.7	47.4	1890	18.5

表 5-3 为不同工艺处理的合金化贝氏体球墨铸铁的耐磨性测试数据。由表 5-3 中可以看出，经 IQ-T-450 处理的合金化贝氏体球墨铸铁的耐磨性比经

IQ 处理的耐磨性由 1704.8m/g 提高到 2588.8m/g，而经过 IQ-T-600 处理后的贝氏体球墨铸铁的力学性能显著降低，导致耐磨性最差。

表 5-3   不同热处理工艺的合金化贝氏体球墨铸铁的耐磨性

工艺	IQ	IQ-T-300	IQ-T-450	IQ-T-600
失重/g	0.8212	1.0944	0.5408	1.2406
耐磨性/m·g^{-1}	1704.8	1532.2	2588.8	1128.5

实验用石英砂的硬度为 750HV，比经 IQ 和 IQ-T 处理的合金化贝氏体球墨铸铁的硬度高，所以对基体有一定的切削作用。由于经过 IQ 处理的等温淬火的试样硬度高于 IQ-T 的球墨铸铁硬度，所以由切削导致的磨损性能高于经过 IQ-T 处理的试样；而其塑性低于经过 IQ-T-450 处理的试样，因而由塑性疲劳导致的磨损性能低于经过 IQ-T 处理的试样。

5.2.3   讨论分析

5.2.3.1   回火组织及力学性能

等温淬火合金化贝氏体球墨铸铁在 300℃ 回火后，二次碳化物从等温淬火合金化贝氏体球墨铸铁奥氏体中析出（图 5-6a），颗粒细小、数量较少。由于碳化物的析出，进一步减少了奥氏体中的含碳量，使奥氏体容易发生 $\gamma \rightarrow \alpha$ 转变，在转化过程中，没有足够的激活能完成奥氏体的全部转化，贝氏体板条束内的奥氏体含碳量较高，转化量较少，块状的残余奥氏体部分向针状铁素体转变，因此，在冷却过程中，块状未转变的奥氏体会继续转化为马氏体，此时马氏体板条束得以细化（图 5-4a 和 b）。如图 5-6a 中碳化物的衍射斑标定可知，碳化物为细小、弥散的 Mo_2C 型碳化物，数量较少，对基体的强度和硬度的提高起到一定作用；而等温淬火马氏体经回火后回复现象不明显。共晶渗碳体经过回火后，硬度为 906.5HV，比等温淬火态略降，残余内应力得以消除。含量较多的针状贝氏体、细化的马氏体板条以及析出的 Mo_2C 是等温淬火贝氏体球墨铸铁宏观硬度提高的主要原因，也是抗压强度和塑性提高的原因。

当回火温度升高至 450℃ 时，贝氏体板条束内的高碳奥氏体薄膜向铁素体转变，块状的残余奥氏体也向铁素体转变，其转变量高于在 300℃ 回火时的量，此时伴随着碳化物的析出，析出相也为 Mo_2C。就合金元素的扩散而言，在 450℃ 回火，由于回火温度较低，其只能做短程扩散，故碳化物析出量较少，对基体硬度有一定贡献，但不明显。在此温度下，根据 IQ-T-450 的 XRD 谱中残余奥氏体峰的存在和马氏体峰值增加说明亦有奥氏体未完全转变，冷却时转变为马氏体。基体中的淬火马氏体经回火后碳原子脱溶程度增加，马氏体的晶格畸变减小，孪晶亚结构逐渐消失，晶体内位错密度逐渐减小，并且部分淬火马氏体分解为铁素体和奥氏体，如图 5-8 所示。合金化贝氏体球墨铸铁的淬火马氏体在回火过程中无碳化物析出，这与钢的回火过程不同[173]。由于球墨铸铁中有大量的 Si 元素存在，强烈抑制了碳化物的析出，淬火马氏体分解后未发现细小的碳化物析出，而是仅发生了向奥氏体的分配过程。贝氏体组织开始粗化，未转变残余奥氏体向马氏体转变量减少，淬火马氏体的分解软化是基体组织显微硬度降低和塑性提高的主要原因。从图 5-4c 中可以看出部分共晶渗碳体晶内的亚片层部位发生回复，导致先共晶渗碳体的软化，基体和共晶渗碳体的回火转变过程使得淬火态合金化贝氏体球墨铸铁宏观硬度降低。抗压强度降低不明显，其原因主要是因为，在此温度下回火时，合金元素进行了动态分配，实现了过渡相 θ-Fe_3C 到合金碳化物的

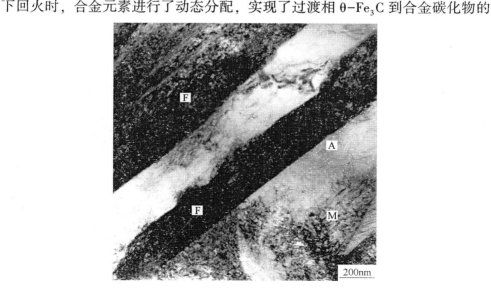

图 5-8　450℃ 回火后等温淬火态合金化贝氏体球墨铸铁的 TEM 像

原位转变, 或通过单独形核或异质形核长大的方式实现了渗碳体到合金碳化物的转变[174], 此过程形成的纳米级 Mo_2C 对强度的提高有一定作用。

图 5-9 所示为 450℃ 回火处理的合金化贝氏体球墨铸铁组织中渗碳体形貌的 SEM 像。可以看出, 在 450℃ 中温回火 2h 后, 部分等温淬火合金化贝氏体球墨铸铁组织中的碳化物开始析出 α 相, 析出的位置为渗碳体相内以及相界, 此时大部分碳扩散到石墨与奥氏体的相界中。有研究认为, 渗碳体内存在按一定取向分布的相互平行的亚片层, 这些亚片层是在渗碳体和铁素体生长的协调性较低及两相交替生长条件下形成的铁素体[175]。由于 Si 是阻碍渗碳体析出及促进铁素体形成的元素, 在较高温度下促进孔洞状渗碳体形成, 即在先析出的渗碳体内存在富 Si 的铁素体小区[176]。

图 5-9   IQ-T-450 处理的合金化贝氏体球墨铸铁组织中渗碳体形貌的 SEM 像

由图 5-9 可以看出, 在中温回火时, 等温淬火的合金化贝氏体球墨铸铁的碳化物在这些亚片层的位置发生了回复, 铁素体发生了长大, 并且生长方向互相平行, 与文献 [175] 结果一致。由于这些亚片层铁素体的生长, 导致渗碳体硬度比直接 IQ 处理的合金化贝氏体球墨铸铁的硬度降低幅度大, 直接引起实验球铁宏观硬度的降低, 并且这些在渗碳体中长大的铁素体相提高了渗碳体的塑性。

当温度继续上升到 600℃, 贝氏体板条中的大部分残余奥氏体在高的激活能条件下发生 $\gamma \rightarrow \alpha + Fe_3C$ 转变, 大量 Fe_3C 在奥氏体晶界上析出。淬火马氏体也发生碳的脱溶, 使其转变为铁素体, 此时大量碳原子析出, 元素 Si 已经无法阻止其与 Fe 元素结合生成 Fe_3C。基体的碳化物主要是 Fe_3C（未发现 M_2C 型碳化物），主要是由于基体中 Mo 的含量较少，大量的 C 和 Fe 结合形成稳定的 Fe_3C 相。此时，基体组织已经失去了球墨铸铁中针状贝氏体组织的特点和优势，并且析出的 Fe_3C 粗大化，力学性能受到严重影响。

5.2.3.2 回火温度对耐磨性的影响

图 5-10 所示为等温淬火态和等温淬火后回火的合金化贝氏体球墨铸铁磨损表面形貌，不难看出，在石英砂磨料下，所有磨损表面均为切削犁沟和剥落坑，所以磨损机制以塑性变形疲劳和显微切削为主。这与文献［177～179］中的等温淬火球墨铸铁在磨粒磨损过程中存在氧化磨损、黏着磨损和分层断裂等 3 种机制不同。

由图 5-10b、d 可以看出，经 300℃ 和 600℃ 回火的等温淬火态贝氏体球墨铸铁的磨损表面存在大量的因反复塑性变形导致的剥落坑，而经过 450℃ 回火的合金化贝氏体球墨铸铁的剥落坑相对较少（图 5-10c）。经过 IQ-T-450 处理后的合金化贝氏体球墨铸铁的耐磨性最好，其次是 IQ 处理的合金化贝氏体球墨铸铁，耐磨性较差的是 IQ-T-300 和 IQ-T-600 处理后的合金化贝氏体球墨铸铁。由此可见，对耐磨性贡献较大的是塑性变形疲劳机制。

一般认为，三体静态磨料磨损失重由切削破坏失重值 W_c 和疲劳破坏失重值 W_f 组成[131,132]。在本实验中，经过 IQ 处理的材料硬度较高，所以其 W_c 值低于经 IQ-T 处理的合金化贝氏体球墨铸铁。经 IQ 处理的球铁组织中，马氏体亚结构为孪晶型，其塑韧性差，但较多含量的残余奥氏体可以提高基体组织的塑韧性，所以导致 W_f 值增加不明显。随着回火温度的升高，材料的组织硬度降低，直接导致切削破坏失重值 W_c 增加；但是，由于在 450℃ 回火，合金化贝氏体球墨铸铁的抗压强度提高，塑性提高明显，使上述两个方面对磨料磨损失重的影响相反，因此二者的综合作用构成了总的失重值，总的失重值比在 300℃ 和 600℃ 下回火的值低，说明塑性疲劳机制对耐磨性的贡献大于切削破坏机制；并且，在 450℃ 回火析出的弥散 Mo_2C 相可以提高耐磨性，对抗磨性提高有一定贡献。虽然在 300℃ 回火时也会析出 Mo_2C，但由于其数量太少，对耐磨性的作用并未凸显。

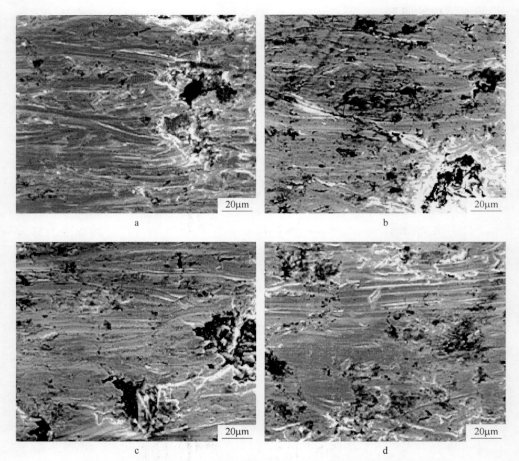

图 5-10　不同热处理后合金化贝氏体球墨铸铁的磨损形貌的 SEM 像

a—IQ；b—IQ-T-300；c—IQ-T-450；d—IQ-T-600

5.3　本章小结

对成分为（质量分数 3.55%C，1.95%Si，0.36%Mn，3.58%Ni，0.708%Cu，0.92%Mo，0.65%Cr，余下的为 Fe 的合金化贝氏体球墨铸铁，实施等温淬火及不同温度的回火热处理工艺，研究了回火温度对等温淬火合金化贝氏体球墨铸铁的组织演变过程的影响，并对力学性能和耐磨性进行了测试与分析；对含 V 的贝氏体球墨铸铁进行了球化处理，研究了不同球化处理对组织和冲击韧性以及硬度的影响。结果如下：

（1）等温淬火合金化贝氏体球墨铸铁回火组织演变包括孪晶马氏体及其

位错亚结构的回复和再结晶软化、残余奥氏体分解以及渗碳体的转变等综合过程。等温淬火合金化贝氏体球墨铸铁回火温度由 300℃ 提高至 450℃ 后，基体贝氏体束中的残留奥氏体和块状马氏体量减少，进一步向铁素体转变，并析出 Mo_2C；碳化物相内以及相界开始析出 α 相，此时大部分的碳扩散到石墨与奥氏体的相界中。在 600℃ 回火时，基体组织主要为铁素体和粗大化的二次碳化物。

（2）随着回火温度的升高，等温淬火合金化贝氏体球墨铸铁的硬度逐渐降低，抗拉强度逐渐降低。在 600℃ 回火时，力学性能明显恶化；在 450℃ 下回火，可以获得良好的强塑性和最大压缩率。

（3）在静态干砂/橡胶轮磨损条件下，经 450℃ 回火处理的等温淬火合金化贝氏体球墨铸铁的耐磨性高于其他热处理工艺。经等温淬火和随后回火处理的贝氏体球墨铸铁，其磨损机制均为塑性变形疲劳磨损和显微切削，并且塑性疲劳机制对耐磨性的贡献大于切削破坏机制，此时析出的弥散 Mo_2C 对耐磨性的提高有一定贡献。

（4）当试样在 1000℃ 中保温 6h 后，碳化物的含量较铸态下都有明显降低，当冷速不同，基体的物相组成大为不同，空冷基体组织中大部分为马氏体组织，而随炉冷却后，基体奥氏体在缓慢冷却的过程中向贝氏体转变，当冷却到室温后未转变的奥氏体转变为少量的马氏体，但是冷却速率对碳化物的含量影响不大。

6 含 V 合金化球铁深冷处理工艺研究

6.1 引言

深冷处理是材料传统热处理的一种延伸，材料最终性能的好坏，不单取决于深冷处理的工艺，还有热处理与深冷处理之间相互搭配的工艺[180]。在深冷处理过程中，试样缓慢冷却到深冷温度（−125~−196℃），然后缓慢升温至室温[181,182]。缓慢的冷却可降低组元间温度梯度，使其只具有最低的应力。一些材料经过深冷处理后，如高速钢 HSS、硬质合金和一些工具钢等，耐磨性可以得到提高，这主要是因为深冷处理促使奥氏体转变成马氏体以及随后马氏体分解和超微细碳化物的组织结构转变[183~186]。Das 等[187] 报道了磨具钢、工具钢和 4140 钢经过深冷处理后硬度略有提高；Molinari 等[8] 和 Oppen-kowsk 等[188] 研究了常规热处理结合深冷处理对材料性能的影响，发现当深冷处理后再回火处理，材料的性能明显提高；Das 等[189] 研究了不同深冷温度保温时间（1h、12h、36h、60h、84h）对冷作工具钢耐磨性的影响，当深冷保温 36h 时，其拥有最佳的耐磨性。同样，Amini 等[190] 研究发现当深冷保温 36h 时工具钢的硬度值最高。

虽然一些材料利用深冷处理获得了理想的力学性能和耐磨性，但是深冷处理对 ADI 的组织和性能的影响相关文献报道极少。Putatunda 等[27] 研究了深冷处理对 ADI 组织的影响，发现高碳奥氏体全部转变成马氏体。陈等[104] 研究了深冷处理+回火处理对一种耐磨等温淬火合金化贝氏体球墨铸铁组织和力学性能的影响，结果表明，经过−196℃深冷处理 3h 和 450℃回火处理 2h 后，合金化贝氏体球墨铸铁具有较高的硬度和耐磨性。Šolić等[26] 研究了一种深冷处理对 ADI 组织和磨料磨损性能的影响，发现深冷处理+不同温度下的回火处理后，组织发生了明显变化，硬度和耐磨性都有所提高。深冷处理结合常规热处理对合金化球墨铸铁影响的研究相对较少。因此，有必要对合金化贝氏体球墨铸铁的深冷处理工艺及其强化机理展开进一步研究。

本章研究深冷处理结合常规热处理对合金化贝氏体球墨铸铁组织、硬化行为和耐磨性的影响，此外，对深冷处理过程中以及随后的回火处理过程中的组织演变进行了讨论与分析，揭示了深冷处理的强化机理。所得实验结果可以为制定合理的合金化贝氏体球墨铸铁深冷处理工艺提供理论依据。

6.2 深冷结合回火处理对组织和性能的影响

6.2.1 实验材料与方法

实验用材料为合金化贝氏体球墨铸铁，合金成分通过热力学软件 Thermo-Calc 计算设计得出，具体成分含量（质量分数）为：3.55%C，1.97%Si，0.36%Mn，3.79%Ni，0.72%Cu，0.80%Mo，0.64%Cr，0.3%V，余下的为 Fe。将铸件破碎后，利用线切割方法截取数个尺寸为 $\phi40mm \times 80mm$ 的圆棒用于热处理，其过程为：在箱式电阻炉中先进行奥氏体化，工艺为 850℃×1h；随后在盐浴炉中进行等温淬火（isothermal quenching, IQ）处理，等温淬火工艺为 300℃×2h。随后将等温淬火合金化球墨铸铁进行三种工艺淬火：直接回火处理（AT），回火工艺为在 450℃保温 2h；回火处理+深冷处理（ATD），回火工艺同上，深冷工艺为在 196℃液氮中浸泡 3h；深冷处理+回火处理（ADT），深冷工艺和回火工艺同上。

采用光学显微镜（OM，LEICA Q550IW）和电子探针显微镜（EPMA，JEOA JXA-8530F）分析热处理后的合金化贝氏体球墨铸铁的组织，并用 X 射线衍射进一步确定组织的组成，残余奥氏体含量由式（2-2）计算。采用万能硬度计进行硬度测试，每组试样测定 5 个点，取平均值。采用干砂-橡胶轮磨损装置进行磨损性能测试，工艺参数为：砂子粒度为 230/250μm，流速为 300~400g/min，加载力为 130N，磨损里程为 1400m。利用扫描电镜（SEM，FEI Quanta 600）观察磨损形貌，用磨损距离与磨损失重的比值评价耐磨性。

6.2.2 实验结果与讨论

6.2.2.1 深冷结合回火处理对组织的影响

等温淬火态合金化球墨铸铁的组织如图 6-1 所示。等温淬火合金化贝氏体球墨铸铁组织由不连续的共晶碳化物、腐蚀暗区的贝氏体、未腐蚀的亮区的残余奥氏体、马氏体以及分散的石墨球组成[35]。

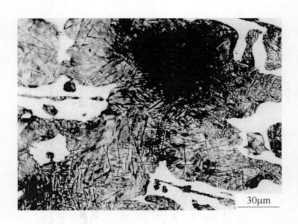

图 6-1 合金化球墨铸铁淬火态的金相组织

图 6-2 所示为等温淬火合金化球墨铸铁组织对应的 XRD 图谱，说明组织中含有奥氏体、M_3C 和 M_7C_3 型碳化物、马氏体和铁素体。根据 ASTM-E975 标准计算的奥氏体的含量为 28.6%（体积分数），并用 Image-pro-plus 5.0 软件对金相照片进行定量分析，经计算，共晶碳化物的含量约为 28.8%（体积分数）。

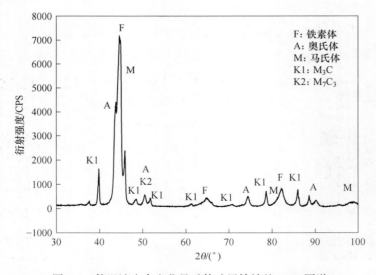

图 6-2 等温淬火合金化贝氏体球墨铸铁的 XRD 图谱

图 6-3a 所示为直接在 450℃ 下回火处理的等温淬火球墨铸铁的金相组织照片，可以发现，针状的贝氏体长大和粗化。因为贝氏体针粗化，所以奥氏体中的碳含量增加，但并不是所有的奥氏体都达到稳定的状态，碳含量相对较少的一部分不稳定的奥氏体在空冷至室温的过程中转变成为马氏体。所以 AT 试样的组织由铁素体、M_3C 型碳化物、马氏体和奥氏体组成，这结果与图 6-4 的 XRD 图谱得出的结果一致，其中，碳化物是回火处理时残余奥氏体转变成为马氏体的过程析出的。图 6-3b 所示为回火处理+深冷处理的 ATD 等温淬火合金化球墨铸铁的金相照片，可以发现残余奥氏体进一步转变为马氏体，与直接回火试样相比，此时的马氏体含碳量更高，所以硬度也更高。图 6-3c 所示为深冷处理+回火处理的 ADT 等温淬火合金化球墨铸铁的金相照片，马氏体形貌与试样 AT 和 ATD 组织中的马氏体有明显不同。对比 AT、ATD 和 ADT 三种热处理工艺处理试样的 XRD 图谱组织成分峰的强度，发现 M_3C 的含量逐渐增加。等温淬火态贝氏体球墨铸铁直接浸入 $-196℃$ 液氮中进行深冷处理后，组织中不稳定的奥氏体进一步转变为马氏体，此时形貌像稻草的马氏体为麻口马氏体，具有更高的硬度[191]。由于转变温度过低，所以碳原子不能进行长程扩散，导致大量的碳原子固溶于马氏体中，所以碳原子在马氏体中的排列紊乱。这种现象有利于回火处理后显微应力的释放以及促进碳化物的析出。并且，马氏体转变导致位错及空位密度的增加，碳原子与位错应力场相互作用而形成原子簇，这也成为随后回火处理后碳化物长大的形核位置。

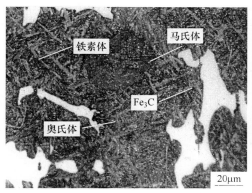

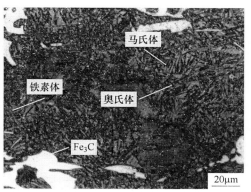

a   b

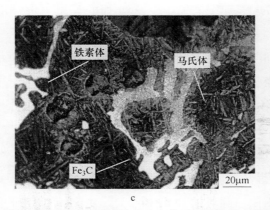

图 6-3 不同工艺处理下的等温淬火合金化球墨铸铁的金相组织照片

a—AT；b—ATD；c—ADT

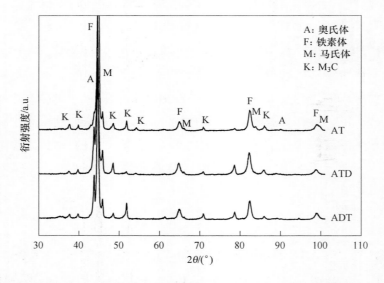

图 6-4 不同工艺处理下的等温淬火合金化球墨铸铁的 XRD 图谱

图 6-5 所示是在不同热处理下的等温淬火合金化贝氏体球墨铸铁组织中的马氏体形貌。从图 6-5a、b 中可以发现，回火处理+深冷处理 ATD 试样与直接回火处理 AT 的试样的马氏体形貌相似，马氏体是片状的，而且相邻的马氏体针不平行。但深冷处理+回火处理 ADT 试样的马氏体形貌明显不同，其马氏体形貌是细长的，位向不同，可以推断出马氏体的长大方式与常规热处理不同。并且，回火处理过程中马氏体形貌不改变。

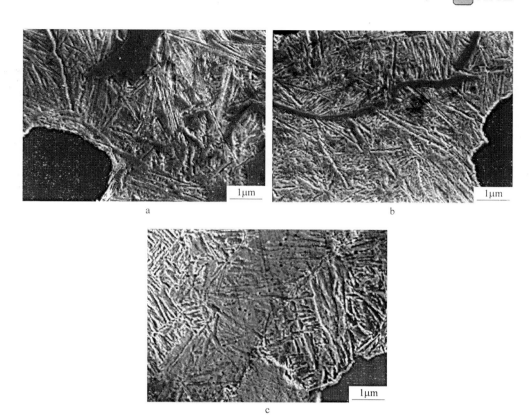

图 6-5 不同工艺处理的等温淬火合金化球墨铸铁组织中马氏体的 SEM 照片

a—AT；b—ATD；c—ADT

6.2.2.2 深冷结合回火处理对硬度的影响

表 6-1 为等温淬火合金化球墨铸铁经过三种不同工艺（AT、ATD 和 ADT）处理的硬度值。对比试样 AT 和 ATD 的硬度值，发现深冷处理后硬度增加。硬度的增加归因于两方面，一方面是回火处理后的高碳含量的奥氏体经深冷处理后转变为片状马氏体；另一方面是在低温下马氏体转变产生塑性变形，使得一些粗大的碳化物颗粒溶解，这可由 XRD 图谱（图 6-4）中 M_3C 型碳化物峰的消失推断出。所以，低温马氏体变得过饱和，马氏体产生晶格畸变和热力学不稳定性增加，碳和合金原子偏聚，最终导致细小的碳化物析出。

ATD 试样的硬度比 ADT 试样的高，主要是由于等温淬火合金化球墨铸铁经过 ADT 处理后析出的碳化物发生 Ostwald 熟化，降低弥散强化效果。Ostwald 熟化是在固溶体中发现的现象，小晶体和颗粒熔化，再沉积成大晶体和颗粒[191]。在深冷处理过程中急冷导致组织紊乱，有利于显微应力的释放。试样深冷处理后进一步在 450℃回火处理后，导致过回火。这可由 ADT 试样组织在 XRD 的图谱（图 6-4）中证实，组织中有更多 M_3C 型碳化物在组织中析出。

表 6-1　不同工艺处理下的等温淬火合金化球墨铸铁的硬度

热处理工艺	AT	ATD	ADT
硬度（HRC）	57.7	61.3	59.0

6.2.2.3　深冷结合回火处理对耐磨性的影响

表 6-2 为在三体磨料磨损实验条件下等温淬火合金化贝氏体球墨铸铁经过不同工艺处理后的耐磨性，可以发现，耐磨性与硬度值成正比。磨料磨损实验属于立体磨料磨损，所以在实验的过程中试样表面存在磨料滑动和滚动。图 6-6 所示为试样 AT、ATD 和 ADT 的 SEM 磨损形貌，可以发现因磨料滑动产生的切削磨损和许多的沟槽。由于直接回火的试样具有最低的硬度值，所以沟槽数量增加。磨料滚动的过程中，试样表面产生凹坑，并导致材料发生反复塑性变形。

表 6-2　等温淬火合金化球墨铸铁经过不同工艺处理后的耐磨性

处理工艺	AT	ATD	ADT
耐磨性/m·g^{-1}	1999.1	2594.1	2147.6

反复塑性变形使得裂纹萌生和延展，最终导致疲劳剥落。图 6-6 中试样的磨损表面存在很多辊压坑。由于磨料切削，试样表面在发生疲劳剥落之前就会被切削。所以，在三体硬磨料磨损实验条件下，显微切削为主要切削机制。对比其他三种工艺处理的等温淬火合金化球墨铸铁，试样 ATD（回火处理+深冷处理）具有最好的磨料磨损耐磨性，其次是 ADT 试样，而耐磨性最差的为直接回火试样。

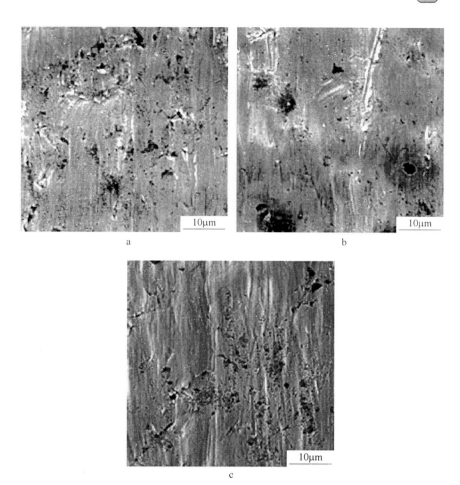

图 6-6 不同工艺处理的淬火态合金化球墨铸铁磨损表面 SEM 照片

a—AT；b—ATD；c—ADT

6.3 深冷保温时间对组织和性能的影响

6.3.1 实验材料与方法

实验用材料为合金化贝氏体球墨铸铁，其化学成分（质量分数）为：3.55%C，1.97%Si，0.36%Mn，3.79%Ni，0.72%Cu，0.80%Mo，0.64%Cr，0.3%V，余下的为铁。等温淬火热处理过程是在氩气气氛保护的电阻炉和盐浴炉中进行。首先，所有的试样在850℃下进行奥氏体化处理，保温1h；随后在300℃盐浴炉中等温淬火2h。深冷处理采用微机控制深冷箱进行深冷实验，以氮气为冷却介质。等温淬火合金化球墨铸铁采用的具体的深冷处理工艺如图 6-7 所示，深冷处理后，试样 DCT-04 在 450℃回火处理 2h。

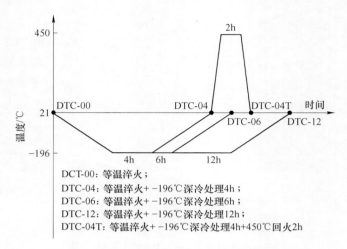

图 6-7 等温淬火合金化球墨铸铁深冷处理工艺

经过机械研磨和硝酸酒精（体积分数为 4%）腐蚀后，采用光学显微镜（OM，LEICAQ550IW）和扫描电镜（SEM，FEI Quanta 600）观察经过不同工艺处理后的合金化球墨铸铁的显微组织，并用 X 射线衍射仪（XRD，D/Max-2500PC）分析其相组成，使用铜靶对试样扫描，扫描角度为 40°~100°，电压为 40kV，电流为 100mA。所有的光谱采用 X′Pert HighScore Plus 软件进行表征，用 3.0a 版本获得峰的位置，面心立方晶格结构的奥氏体的 {111}、{220} 和 {311} 晶面的积分强度，体心立方晶格结构的铁素体的 {110} 和 {211} 晶面的积分强度，根据 ASTM-E975 标准，利用上述晶面的积分强度，残余奥氏体含量可由式（2-2）计算[118,119]。

分别采用 KB3000BVRZ-SA 型万能硬度计进行洛氏硬度测试，每组试样测定 5 个点，取平均值。室温抗压强度在 SANS-CMT5105 型万能实验机上进行测试，其样品尺寸为 ϕ4mm×6mm 的标准试样，每组试样测定 3 个，取平均值。不同工艺处理合金化球墨铸铁采用根据标准 ASTM-G65 制定的干砂-橡胶轮磨损装置进行磨损性能评价。磨损试样尺寸为 57mm×25.5mm×6mm，与旋转的橡胶轮（肖氏硬度 60）之间加载 130N 的力。试样与橡胶轮之间的砂子流速为 300g/min，砂子尺寸为 230/250μm。用 1400m 的磨损距离与磨损失重的比值评价耐磨性。利用 Quanta 600 扫描电镜（SEM）对不同深冷处理后的贝氏体球墨铸铁的磨损形貌的进行观察。

6.3.2　实验结果与讨论

6.3.2.1　深冷保温时间对组织的影响

合金化球墨铸铁淬火态（未经过深冷处理，DCT-00）的金相组织如图6-8所示。等温淬火合金化贝氏体球墨铸铁组织由不连续的共晶碳化物、腐蚀暗区的贝氏体、未腐蚀的亮区的残余奥氏体、马氏体以及分散的石墨球组成[52]。图 6-9 所示为等温淬火合金化球墨铸铁组织对应的 XRD 图谱，证明组织中的组元有奥氏体、M_3C 和 M_7C_3 型碳化物、马氏体和铁素体。根据 ASTM-E975 标准计算的奥氏体的含量为 28.6%（体积分数），并用 Image-pro-plus 5.0 软件对金相照片进行定量分析，计算共晶碳化物的含量约为 28.8%（体积分数）。

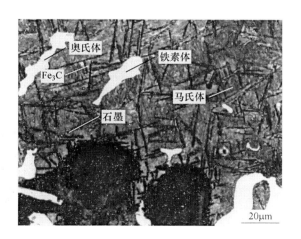

图 6-8　合金化球墨铸铁淬火态（DCT-00）的金相组织

图 6-10 所示为经过深冷处理后的试样的金相组织照片。图 6-10a 所示为在-196℃下深冷处理 4h 的等温淬火合金化球墨铸铁组织，可以发现，等温淬火态组织中的残余奥氏体部分转变为马氏体。可以清楚地看见马氏体针在奥氏体晶粒中形成，但是组织中还有一些残余奥氏体存在。图 6-10b 所示为试样 DCT-06 的组织，当深冷处理保温时间达到 6h 后，基体组织中存在大量的

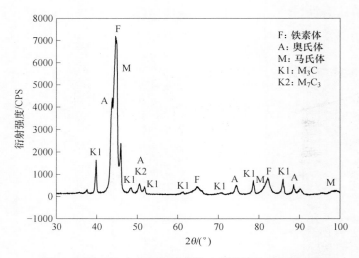

图 6-9 等温淬火合金化贝氏体球墨铸铁的 XRD 图谱

马氏体，奥氏体急剧减少。当深冷处理保温时间增加到 12h 以后，组织中没有更多的奥氏体转变为马氏体（图 6-10c）。经过回火处理的试样 DCT-04T 的马氏体的形貌（图 6-10d）明显不同于未经回火处理的 DCT-04 试样。等温淬火合金化贝氏体球墨铸铁经过深冷处理 4h，再在 450℃ 回火 2h 后，不稳定的奥氏体进一步转变成为麻口马氏体。麻口马氏体的形貌如稻草一般，并且具有较高的硬度[191]。

等温淬火合金化球墨铸铁深冷处理不同时间后，进一步用 XRD 方法观察组织中组织结构的变化，其图谱如图 6-11 所示。通过图谱发现，试样 DCT-06和 DCT-12 的马氏体含量明显增加，残余奥氏体含量大量减少。另外，试样DCT-06 和 DCT-12 的二次碳化物析出的衍射峰强度强于试样 DCT-04，这主要是因为在超低温度下，马氏体 C 含量过饱和，导致晶格畸变和热力学不稳定性程度增加，使碳和合金原子扩散析出。这样，在高的激活能条件下，更加细小的碳化物析出，导致了更高的形核率，更细小和弥散分布的碳化物便会产生。因此经过深冷处理的试样比未经深冷处理的试样析出更多的细小的二次碳化物，尤其对于试样 DCT-06。这证明了在随后较长时间的深冷处理过程中在马氏体中形成非常细小的碳化物，但由于过于细小，在金相照片中没有发现，这与文献［192］，［193］得到的结果一致。通过图 6-11 的 XRD 图谱，也发现试样 DCT-12 的渗碳体峰的强度略有下降，这是因为深冷处理较长

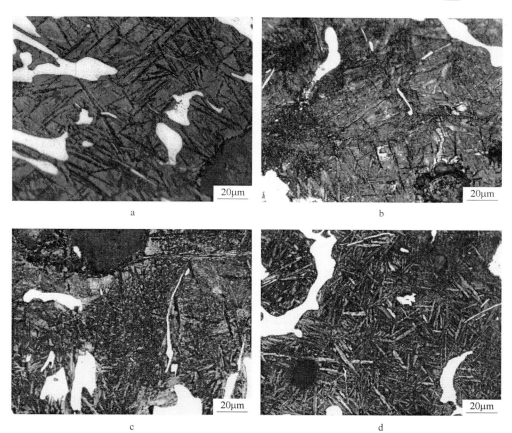

图 6-10 深冷处理后等温淬火合金化球墨铸铁的组织金相照片

a—DCT-04；b—DCT-06；c—DCT-12；d—DCT-04T

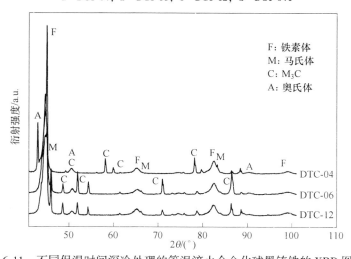

图 6-11 不同保温时间深冷处理的等温淬火合金化球墨铸铁的 XRD 图谱

时间后，低温马氏体转变过程中伴随着塑性变形，应力诱发碳化物粒子的溶解[194]。

图 6-12 所示为试样 DCT-04T 的 XRD 图谱，对比未经过回火处理 DCT-04 试样的 XRD 图谱，发现马氏体和 M_3C 型碳化物的峰值增加。可以推断，试样 DCT-04 在 450℃ 下回火后，不稳定的奥氏体进一步转变成麻口马氏体。图 6-13 所示为等温淬火合金化球墨铸铁经过 DCT-04T 处理后的马氏体（图 6-13a）和析出碳化物（图 6-13b）的 TEM 照片，与其 XRD 图谱相应组织的峰强度的结果一致。低温下碳原子无法长距离扩散，导致更多的碳原子困于马氏体中，使得碳原子的排列十分紊乱。而随后的回火处理，使得组织中显微的应力得以释放，促进了碳化物的析出。并且，马氏体转变导致位错及空位密度增加，碳原子与位错应力场相互作用而形成原子簇，这成为随后回火处理后碳化物长大的形核位置。

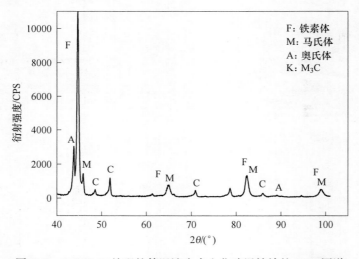

图 6-12　DCT-04T 处理的等温淬火合金化球墨铸铁的 XRD 图谱

6.3.2.2　深冷保温时间对硬度和抗压强度的影响

表 6-3 列出了等温淬火态和深冷处理的等温淬火合金化球墨铸铁的硬度值。所有深冷处理的等温淬火合金化球墨铸铁的硬度值均高于等温淬火态的试样。这主要是因为在深冷处理过程中更多的马氏体和二次碳化物析出导致了试样硬度的提高。当深冷处理保温时间由 4h 增加到 6h 后，硬度值增加，

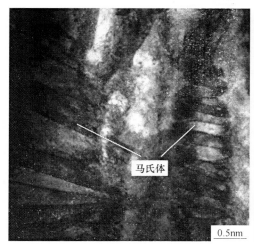
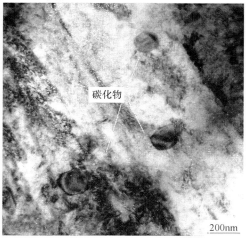

图 6-13　DCT-04T 处理后等温淬火合金化球墨铸铁的 TEM 照片

a—马氏体；b—碳化物析出

并且硬度值达到了最大值。试样 DCT-06 的宏观硬度比等温淬火态试样 DCT-00 高出 5%。深冷处理保温时间 6h 的试样硬度值达到最大值，主要是由于马氏体的转变达到最大值，同时，也是由于 XRD 图谱分析得出的二次碳化物的析出。深冷处理使得等温淬火合金化球墨铸铁析出细小的碳化物，这导致硬度和耐磨性提高而对冲击韧性影响不大[195]。当深冷处理保温时间达到 12h 以后，硬度值略降，这主要是因为碳化物颗粒的溶解。经过回火的 DTC-04T 试样的硬度值比未经回火的 DTC-04 试样低，主要归因于回火过程的 Ostwald 熟化，影响了其对组织的弥散强化作用。粗化的碳化物颗粒如图 6-13 所示。

经过不同工艺处理的等温淬火合金化球墨铸铁的抗压强度列于表 6-3，可以看出 DCT-04 试样的抗压强度值略低于淬火态 DCT-00 的试样。在较短时间的深冷处理条件下，相对较高体积分数的不稳定的奥氏体连同高碳马氏体的存在对抗压强度不利，引起材料脆断，这与文献［47］得出的结论一致。当深冷保温时间达到 6h 后，基体中基本不存在不稳定的奥氏体，马氏体的转变量也达到最大值，并且根据图 6-11 的 XRD 图谱，组织中也析出较多的细小的碳化物，这些都导致抗压强度值的增加。当深冷处理保温时间为 12h，碳化物的溶解导致抗压强度的降低。当试样 DCT-04 在 450℃回火 2h 后，析出的碳化物发生了 Ostwald 熟化，导致抗压强度的降低。

表6-3　等温淬火合金化球墨铸铁经过不同深冷处理后的硬度值和抗压强度值

试样	DCT-00	DCT-04	DCT-06	DCT-12	DCT-04T
硬度（HRC）	62.9	64.4	66.0	65.8	63.9
抗压强度/MPa	3000	2870	3140	3040	2770

6.3.2.3　深冷保温时间对耐磨性的影响

表6-4为在三体磨料磨损实验条件下合金化球墨铸铁在不同处理工艺下的耐磨性。磨损实验属于大颗粒的磨料磨损，所以在实验的过程中样品表面会有磨料滑动和滚动的痕迹。

表6-4　等温淬火合金化球墨铸铁经过不同深冷处理后的磨损性能

试样	DCT-04	DCT-06	DCT-12	DCT-04T
失重/g	0.7322	0.5936	0.6172	0.7939
耐磨性/m·g⁻¹	1912.0	2358.5	2268.3	1763.4

图6-14所示为试样 DTC-04、DTC-06、DTC-12 和 DTC-04T 的磨损形貌，由于磨料的滑动导致切削磨损，可以看见较多的沟槽。尽管高的硬度往往象征更高的耐磨性，但是一些研究证实硬度不是衡量材料磨料磨损性能的唯一指标，还要考虑其抗压强度[196,197]。

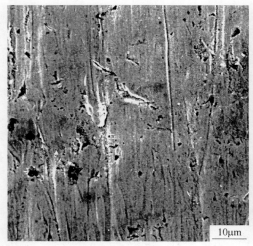
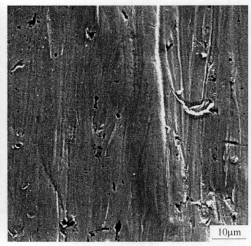

a　　　　　　　　　　　　　　　　　b

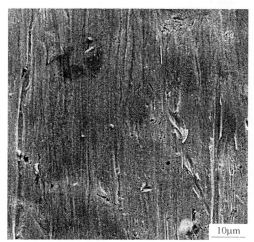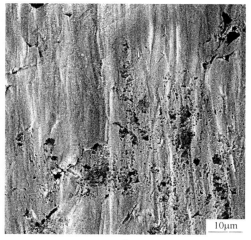

c   d

图 6-14　经过深冷处理后等温淬火合金化球墨铸铁的磨损形貌 SEM 照片

a—DCT-04；b—DCT-06；c—DCT-12；d—DCT-04T

反复塑性变形引起疲劳裂纹的萌生和延伸，最终导致疲劳剥落，而抗压强度指标反映了疲劳失重值的大小。由于磨损机制为磨料切削，在疲劳剥落之前试样表面已有切痕，所以从图 6-14 中可以看到在一些大的沟槽和凹坑附近有很多塑性变形区域。由于试样 DTC-06 具有最高的硬度和抗压强度，所以其磨损形貌中只有很少的塑性变形区域和沟槽存在（图 6-14b），这说明试样 DTC-06 比试样 DTC-12 具有更高的耐磨性。回火试样 DTC-04T 拥有最低的硬度和抗压强度值，所以在其磨损形貌（图 6-14d）中具有更多的沟槽和剥落坑。在三体硬磨料磨损条件下，显微切削磨损机制为主要磨损机制。

6.4　本章小结

本章研究了深冷处理结合常规热处理对合金化贝氏体球墨铸铁的组织、硬化行为和耐磨性的影响；此外，对深冷处理过程中以及随后的回火处理过程中的组织演变进行了讨论与分析，揭示了深冷处理的强化机理。结果如下：

（1）等温淬火合金化贝氏体球墨铸铁直接回火处理后，其组织为贝氏体、M_3C 型碳化物、马氏体和少量奥氏体，这与经过回火处理+深冷处理的试样组织相似。而经过深冷处理+回火处理的试样中马氏体形貌明显不同，并且组织中析出较多的 M_3C 型碳化物。

（2）由于更多片状马氏体转变和细小碳化物析出，等温淬火合金化贝氏体球墨铸铁经过回火处理+深冷处理后，拥有最高的硬度和耐磨性。由于析出的碳化物发生 Ostwald 熟化，经过深冷处理+回火处理后的等温淬火合金化贝氏体球墨铸铁硬度值降低。

（3）等温淬火合金化球墨铸铁经过深冷处理结合常规热处理试样的磨损机制主要为显微切削磨损，还有一些塑性变形磨损，所以耐磨性主要取决于试样的硬度。

（4）随着深冷处理保温时间的增加，等温淬火合金化球墨铸铁组织中存在更多的马氏体。当深冷处理保温时间为 6h 时，组织中析出较多的 M_3C 型碳化物；当深冷处理时间增加到 12h 后，析出的碳化物发生了溶解。经过回火处理的 DCT-04T 试样，马氏体形貌明显不同于未经回火处理的试样，并且组织中有更多的 M_3C 型碳化物。

（5）等温淬火合金化球墨铸铁深冷处理保温时间为 6h 时，其拥有最高的硬度和抗压强度，这归因于更多片状的马氏体转变和更加细小弥散的碳化物分布。而保温达到 12h 后，M_3C 型碳化物发生溶解，材料的硬度和抗压强度略有降低。经过回火处理后，由于析出碳化物发生 Ostwald 熟化，材料的性能有所降低。

（6）深冷处理等温淬火合金化球墨铸铁的磨损机制主要是显微切削磨损机制，并伴随塑性变形磨损机制，所以等温淬火合金化球墨铸铁深冷处理保温时间为 6h 可拥有最高的耐磨性。

7 结 论

本研究首先对高强耐磨贝氏体球墨铸铁的成分进行设计，以实现高强耐磨环形铸件的凝固成型与控制，获得基体组织与耐磨相在尺寸、形状、体积分数等方面合理匹配的耐磨贝氏体球墨铸铁。在此基础上，添加了质量分数为 0.3% 的 V，研究了 V 的添加对该球墨铸铁显微组织和力学性能的影响，分析了 V 的析出行为与强化作用。同时，系统研究了大规格高强耐磨贝氏体球墨铸铁环件的热处理方法，对热处理后的新型耐磨贝氏体球墨铸铁耐磨性能等做出评价。为进一步提高等温淬火合金化贝氏体球墨铸铁的力学性能，研究了深冷以及深冷结合传统热处理工艺对其组织和力学性能的影响，阐明深冷处理的强化机理。获得的主要结论如下：

（1）结合理论分析及热力学软件 Thermo-Calc 计算，具有贝氏体组织的球墨铸铁可以通过合金化结合离心铸造成型工艺获得。设计的合金化贝氏体球墨铸铁的化学成分（质量分数）为：3.4% ~ 3.5% C，1.9% ~ 2.1% Si，0.3% ~ 0.35% Mn，0.8% ~ 0.85% Mo，0.7% ~ 0.8% Cu，3.5% ~ 3.55% Ni，0.6% ~ 0.65% Cr，余下的为 Fe。基体中的元素 Si、Mn、Mo、Ni 和 Cu 可以使贝氏体转变区域与珠光体转变区域分离，促进贝氏体组织的形成。合金化贝氏体球墨铸铁的硬度和抗压强度分别为 52HRC 和 2200MPa，并且耐磨性是商用级高铬铸铁的两倍。

（2）与不含 V 贝氏体球墨铸铁相比，含质量分数为 0.3%V 的合金化贝氏体球墨铸铁中贝氏体组织变得细小，残余奥氏体含量增加，渗碳体含量增加，纳米尺度的含 V 碳化物颗粒弥散分布于贝氏体基体中。硬度比不含 V 的贝氏体球墨铸铁提高了 4.2HRC，冲击韧性提高了 1 倍以上，耐磨性提高了 1 倍，其磨损机制均为塑性变形疲劳和显微切削；含 V 合金化贝氏体球墨铸铁的主要强化机制为细晶强化和析出强化。

（3）等温淬火合金化耐磨球墨铸铁的组织由针状的铁素体、奥氏体、马氏体以及分散的石墨球组成。当等温淬火温度升高时，铁素体的体积分数降低，相应的奥氏体的体积分数和奥氏体中的含碳量增加；硬度降低，抗压强度值增加。力学性能发生变化主要归因于随着等温淬火温度的增加奥氏体的含量增加、组织粗化以及马氏体的转变量降低。其磨损机制为显微切削和塑性变形，其耐磨性的提高需要硬度和抗压强度的良好配合。随着等温淬火温度的提高，合金化耐磨球墨铸铁的磨料磨损性能降低。

（4）在等温淬火处理保温不同时间后，V 的添加促进第二阶段转变的开始，并且促进第二阶段转变过程中第二相碳化物的析出，减缓了 C 原子的长程扩散速率，所以最佳热处理工艺带 OPW 变窄。对于无 V 合金化球墨铸铁而言，获得较优组合的硬度和抗压强度值的等温淬火保温时间为 3h；对于含 V 合金化球墨铸铁而言，获得较优组合的硬度和抗压强度值的等温淬火保温时间为 2h。对于合金化球墨铸铁当其硬度值大约增加到 59HRC 时，机械切削磨损机制占主导作用。

（5）等温淬火合金化贝氏体球墨铸铁回火组织演变包括孪晶马氏体及其位错亚结构的回复和再结晶软化、残余奥氏体分解以及渗碳体转变等综合过程。等温淬火合金化贝氏体球墨铸铁回火温度由 300℃提高至 450℃后，基体贝氏体束中的残留奥氏体和块状马氏体量减少，进一步向铁素体转变，析出 Mo_2C，碳化物相内以及相界开始析出 α 相；并获得良好的强塑性、最大压缩率以及耐磨性。经等温淬火和随后回火处理的贝氏体球墨铸铁，其磨损机制均为塑性变形疲劳磨损和显微切削，并且塑性疲劳机制对耐磨性的贡献大于切削破坏机制，析出的弥散 Mo_2C 对耐磨性的提高有一定贡献。

（6）等温淬火合金化贝氏体球墨铸铁直接回火处理后，其组织为贝氏体、M_3C 型碳化物、马氏体和少量奥氏体。经过深冷处理+回火处理的试样中马氏体形貌明显不同，并且组织中有较多的 M_3C 型碳化物析出，由于析出的碳化物发生 Ostwald 熟化，硬度值降低；经过回火处理+深冷处理后，更多片状马氏体转变和细小碳化物析出，贝氏体球墨铸铁拥有最高的硬度和耐磨性；等温淬火合金化球墨铸铁经过深冷处理结合常规热处理试样的磨损机制主要为显微切削磨损，耐磨性主要取决于试样的硬度。

（7）随着深冷处理保温时间的增加，等温淬火合金化球墨铸铁组织中存在更多的马氏体。深冷处理保温时间为 6h 时，组织中析出较多的 M_3C 型碳化物；当深冷处理时间增加到 12h 后，析出的碳化物发生了溶解。等温淬火合金化球墨铸铁深冷处理保温时间为 6h 时，其拥有最高的硬度和抗压强度，这归因于更多片状的马氏体转变和更加细小弥散的碳化物分布。而保温达到 12h 后，材料的硬度和抗压强度略有降低，主要是由于 M_3C 型碳化物的溶解。经过回火处理后，材料的性能有所降低，主要是由于析出碳化物 Ostwald 熟化。深冷处理等温淬火合金化球墨铸铁的磨损机制主要是显微切削磨损，并伴随塑性变形磨损机制，所以等温淬火合金化球墨铸铁深冷处理保温时间为 6h 可拥有最高的耐磨性。

参 考 文 献

[1] 王金参，赵剑波，孙平．耐磨材料的研究现状 [J]．铸造，2010，(7)：68~69.

[2] 符寒光．铸造金属耐磨材料研究的进展 [J]．中国铸造装备与技术，2006，(6)：1~6.

[3] Murcia S C, Paniagua M A, Ossa E A. Development of as-cast dual matrix structure (DMS) ductile iron [J]. Materials Science and Engineering A, 2013, 566: 8~15.

[4] Kumar K M, Hariharan P. Experimental determination of machining responses in machining austempered ductile iron (ADI) [J]. Procedia Engineering, 2013, 64: 1495~1504.

[5] Zhirafar S, Rezaeian A, Pugh M. Effect of cryogenic treatment on the mechanical Properties of 4340 steel [J]. Journal of Materials Processing Technology, 2007, 186 (3): 298~303.

[6] Silva F J D, Franc S D, Machado A R, et al Performance of cryogenically treated HSS tools [J]. Wear, 2006, 261 (5): 674~685.

[7] 张劲松，袁子洲，刘秀芝，等．金属材料深冷处理现状 [J]．甘肃工业大学学报，2003，29 (1)：32~35.

[8] Molinari A, Pellizzari M, Gialanella S, et al. Effect of deep cryogenic treatment on the mechanical properties of tool steels [J]. Journal of Materials Processing Technology, 2001, 118 (1~3): 350~355.

[9] 李卫．钢铁耐磨材料技术进展 [J]．铸造，2006，55 (11)：1105~1109.

[10] 朝志强，吕宇鹏．奥氏体耐磨锰钢的研究现状与进展 [J]．钢铁研究学报，1998，10 (5)：59~62.

[11] Lu D S, Liu Z Y, Li W. Influence of carbon content on microstructure and mechanical properties of Mn13Cr2 and Mn18Cr2 cast steels [J]. Research & Development, 2014, 11 (3): 173~178.

[12] Stamatatos T C, Foguet-Albiol D, Wernsdorfer W, et al. High-nuclearity, mixed-valence Mn17, Mn18 and Mn62 complexes from the use of triethanolamine [J]. Chemical Communications, 2011, 47 (1): 274~276.

[13] 李卫，朴东学．湿矿冲击磨损条件下中高铬铸铁的抗磨性 [J]．矿山机械，1995，(3)：33~36.

[14] 孙志平，沈保罗，高升吉，等．高铬白口铸铁耐磨性和显微组织的关系 [J]．金属热处理，2005，30 (7)：60~64.

[15] 曾绍连，李卫．碳化钨增强钢铁基耐磨复合材料的研究和应用 [J]．特种铸造及有色合金，2007，27 (6)：441~444.

[16] 许利民．中碳低合金耐磨钢衬板的研制 [J]．热加工工艺，2005，(7)：47~49.

［17］ 魏德强. 贝氏体球墨铸铁磨球材料的研制和生产［J］. 湘潭师范学院学报（自然科学版），2005，27（1）：94~97.

［18］ Wervey B. Carbidic austempered ductile iron［J］. International Journal of Metalcasting，2015，9（1）：73~75.

［19］ 邹斯澄，朱振华. 奥氏体-贝氏体球墨铸铁［J］. 现代铸铁，1990（3）：46~55.

［20］ 李佐峰. 等温淬火球墨铸铁的热处理及应用［J］. 农业装备与车辆工程，2007，6：11~13.

［21］ Forrest R D，屠一华. 球墨铸铁的性能和工业应用［J］. 现代铸铁，1984（3）：53~55.

［22］ 叶学贤，郭戟荣，吴德海. 宜作结构材料的贝氏体型球铁［C］//奥氏体-贝氏体球墨铸铁论文集，武汉：中国机械工程学会铸造学会和武汉铸造协会，1986：39~45.

［23］ Lincoln J A. Austempered ductile iron［J］. Heat Treating，1984，16（2）：30~34.

［24］ Morgan H L. Introduction to foundry production and control of austempered ductile irons［J］. British Foundryman，1987，80（2）：98~108.

［25］ 马永华. 钒对含碳化物等温淬火球墨铸铁组织与性能的影响［D］. 郑州：郑州大学，2011.

［26］ Šolić S，Godec M，Schauperl Z，et al. Improvement in abrasion wear resistance and micro-structural changes with deep cryogenic treatment of austempered ductile cast iron（ADI）［J］. Metallurgical and Materials Transactions A，2016，47（10）：5058~5070.

［27］ Putatunda S K，Martis C，Papp R，et al. The effect of cryogenic processing on the mechanical properties of austempered ductile dast iron（ADI）［C］//Proceedings of the 26th ASM Heat Treating Society Conference，Searchgate，2011：44~49.

［28］ Greno G L，Otegui J L，Boeri R E. Mechanisms of fatigue crack growth in austempered ductile iron［J］. International Journal of Fatigue，1999，21（1）：35~43.

［29］ Pal S，Daniel W J T，Farjoo M. Early stages of rail squat formation and the role of a white etch-ing layer［J］. International Journal of Fatigue，2013，52：144~156.

［30］ Laino S，Sikora J A，Dommarco R C. Development of wear resistant carbidic austempered ductile iron（CADI）［J］. Wear，2008，265（1-2）：1~7.

［31］ Putatunda S K，Kesani S，Tackett R，et al. Development of austenite free ADI（austempered ductile cast iron）［J］. Materials Science and Engineering A，2006，435-436：112~122.

［32］ Smith W F. Structure and Properties of Engineering Alloys［M］. New York：McGraw-Hill，1993：145~148.

［33］ Cui J J，Zhang H Y，Chen L Q，et al. Microstructure and mechanical properties of a wear-re-sistant as-cast alloyed bainite ductile iron［J］. Acta Metallurgica Sinica（English Letters），

2014, 27 (3): 476~482.

[34] Bai Y L, Luan Y K, Song N N, et al. Chemical compositions, microstructure and mechanical properties of roll core used ductile iron in centrifugal casting composite rolls [J]. Journal of Materials Science and Technology, 2012, 28 (9): 853~858.

[35] Erić O, Rajnović D, Šidjanin L, et al. An austempering study of ductile iron alloyed with copper [J]. Journal of the Serbian Chemical Society, 2005, 70 (7): 1015~1022.

[36] Batra U, Ray S, Prabhakar S R. Austempering and austempered ductile iron microstructure in copper alloyed ductile iron [J]. Journal of Materials Engineering and Performance, 2003, 12 (4): 426~429.

[37] Batra U, Ray S, Prabhakar S R. Effect of austenitization on austempering of copper alloyed ductile iron [J]. Journal of Materials Engineering and Performance, 2003, 12 (5): 597~601.

[38] Nobuki T, Hatate M, Shiota T. Mechanical characteristics of spheroidal graphite cast irons containing Ni and Mn with mixed ferrite and bainitic ferrite microstructure [J]. International Journal of Cast Metals Rearch, 2008, 21 (1-4): 31~38.

[39] Fatahalla N, AbuElEzz A, Semeida M C. Si and Ni as alloying elements to vary carbon equivalent of austenitic ductile cast iron: microstructure and mechanical properties [J]. Materials Science and Engineering A, 2009, 504 (1): 81~89.

[40] Guerra L F V, Bedolla-Jacuinde A, Mejía I, et al. Effects of boron addition and austempering time on microstructure, hardness and tensile properties of ductile irons [J]. Materials Science and Engineering A, 2015, 648: 193~201.

[41] Heydarzadeh Sohi M, Nili Ahmadabadi M, Bahrami Vahdat A. The role of austempering parameters on the structure and mechanical properties of heavy section ADI [J]. Journal of Materials Processing Technology, 2004, 153-154: 203~208.

[42] Gagne M. Effect heavy quality casting [J]. AFS Transaction, 1987, 95: 523~532.

[43] Hsu C H, Lin K T. Effects of copper and austempering on corrosion behavior of ductile iron in 3.5 pct sodium chloride [J]. Metallurgical and Materials Transactions A, 2014, 45 (3): 1517~1523.

[44] Kim Y J, Shin H, Park H, et al. Investigation into mechanical properties of austempered ductile cast iron (ADI) in accordance with austempering temperature [J]. Materials Letters, 2008, 62 (3): 357~360.

[45] Hsu C H, Chuang T L. Influence of stepped austempering process on the fracture toughness of austempered ductile iron [J]. Metallurgical and Materials Transactions A, 2001, 32 (10):

2509~2514.

[46] Hsu C H, Lin K T. A study on microstructure and toughness of copper alloyed and austempered ductile irons [J]. Materials Science and Engineering A, 2006, 528 (18): 5706~5712.

[47] Cui J J, Chen L Q. Microstructures and mechanical properties of a wear-resistant alloyed ductile iron austempered at various temperatures [J]. Metallurgical and Materials Transactions A, 2015, 46 (8): 3627~3634.

[48] Janowak J F, Morton P A. A guide to mechanical properties possible by austempering 1.5% Ni 0.3% Mo [J]. AFS Transaction, 1985, 88: 123~135.

[49] Moore D J, Rouns T N, Rundman K B. The effect of heat treatment, mechanical deformation, and alloying element additions on the rate of bainite formation in austempered ductile irons [J]. Journal of Heat Treating, 1985, 4 (1): 7~24.

[50] Zahiri S, Pereloma E V, Davies C H J. Application of bainite transformation model to estimation of processing window boundaries for Mn-Mo-Cu austempered ductile iron. [J]. Materials Science and Technology, 2001, 17 (12): 1563~1568.

[51] Bayati H, Elliott R. The concept of an austempered heat treatment processing window [J]. International Journal of Cast Metals Research, 1999, 11: 413~417.

[52] Erić O, Rajnović D, Zec S, et al. Microstructure and fracture of alloyed austempered ductile iron [J]. Materials Characterization, 2006, 57 (4-5): 211~217.

[53] Dias J F, Ribeiro G O, Carmo D J, et al. The effect of reducing the austempering time on the fatigue properties of austempered ductile iron [J]. Materials Science and Engineering A, 2012, 556: 408~413.

[54] 孙挺, 宋仁伯, 杨富强, 等. 下贝氏体球墨铸铁在腐蚀介质中的磨损行为研究 [J]. 金属学报, 2014, 50 (11): 1327~1334.

[55] Zhang J W, Zhang N, Zhang M T, et al. Microstructure and mechanical properties of austempered ductile iron with different strength grades [J]. Material Letters, 2014, 119: 47~50.

[56] Zhou R, Jiang Y H, Lu D H, et al. Development and characterization of a wear resistant bainite/martensite ductile iron by combination of alloying and a controlled cooling heat-treatment [J]. Wear, 2001, 250: 529~534.

[57] 何建国. 超细贝氏体组织演变及相变加速技术研究 [D]. 北京: 北京科技大学, 2016.

[58] Hansen N. Hall-Petch relation and boundary strengthening [J]. Scripta Materialia, 2004, 51 (8): 801~806.

[59] Basso A, Sikora J. Review on production processes and mechanical properties of dual phase austempered ductile iron [J]. International Journal of Metalcasting, 2012, 6: 7~14.

[60] Celis M M, Valle N, Lacaze J, et al. Microstructure of as cast reinforced ductile iron [J]. International Journal of Cast Metals Rearch, 2013, 24（2）：76~82.

[61] 王学敏，尚成嘉，杨善武，等．组织细化的控制相变技术机理研究 [J]．金属学报，2002, 1（38）：661~666.

[62] Zhang Z, Chen D L. Consideration of Orowan strengthening effect in particulate-reinforced metal matrix nanocomposites：A model for predicting their yield strength [J]. Scripta Materialia, 2006, 54（7）：1321~1326.

[63] 陈剑锋，武高辉，孙东立，等．金属基复合材料的强化机制 [J]．航空材料学报，2002, 22（2）：49~53.

[64] 王谦谦．硅固溶强化铁素体球墨铸铁组织及性能研究 [D]．郑州：郑州大学，2016.

[65] 沈利群．我国奥-贝球铁的研究进展及其应用 [J]．铸造技术，1996（5）：28~31.

[66] 李树中．等温淬火球铁（ADI）的磨粒磨损性能 [J]．摩擦磨损，1989（4）：1~6.

[67] 肖柯则．论高 Si/C 值灰口铸铁 [J]．铸造，1987（5）：1~9.

[68] 郭载荣．铸态球铁的国内外研究及应用 [J]．球铁，1986（2）：53~55.

[69] 杨佳荣，肖承和．奥氏体-贝氏体球铁的耐磨性 [J]．浙江大学学报（自然科学版），1989, 23（2）：298~307.

[70] 吴德海．高强度高韧性奥氏体-贝氏体球铁 [J]．球铁，1987（3）：1~4.

[71] Hayrynen K L, Brandenberg K R. Carbidic austempered ductile iron（CADI）-the new wear material [J]. Transactions of the American Foundrymen's Society, 2003, 111：845~850.

[72] 王怀林．CADI 在农机犁桦上的应用 [C]//第四届全国等温淬火球铁技术研讨会论文集，苏州，2006：55~60.

[73] Gundlach R, Janowak J. Process overview/wear and abrasion testing [C]. 2nd International Conference on Austempered Ductile Iron：Your Means to Improve Performance, Productivity and Cost. 1986：23~30.

[74] Voigt R C. Microstructural analysis of austempered ductile cast iron using the scanning electron microscope [J]. Transactions of the American Foundrymen's Society, 1983, 91：253~262.

[75] 朱君贤，冯树根．奥氏体贝氏体球铁的弯曲疲劳性能及耐磨性能的试验研究 [J]．现代铸铁，1984（3）：8~11.

[76] 丛家瑞，曹兴言，姜恒甲，等．奥贝球墨铸铁的接触疲劳与耐磨性能 [J]．现代铸铁，1988（4）：1~3.

[77] 刘建升．热处理工艺对含碳化物等温淬火球铁性能的影响 [D]．合肥：合肥工业大学，2012.

[78] 符寒光，邢建东．耐磨铸件制造技术 [M]．北京：机械工业出版社，2010：3~10.

[79] 张清. 金属磨损和金属耐磨材料手册 [M]. 北京: 冶金工业出版社, 1991: 20~28.

[80] 材料耐磨抗蚀及表面技术丛书编委会. 材料的磨料磨损 [M]. 北京: 机械工业出版社, 1990: 66~70.

[81] 岑启宏, 孙琨, 方亮, 等. 二体磨料磨损犁沟及脊的三维有限元动态模拟 [J]. 摩擦学学报, 2004, 24 (3): 249~253.

[82] Kang I S, Kim J S, Kim J H, et al. A mechanistic model of cutting force in the micro end milling process [J]. Journal of Materials Processing Technology, 2007, 187: 250~255.

[83] 李日良, 岑启宏, 蒋业华, 等. 铸态中碳高硼合金钢的三体磨料磨损特性 [J]. 机械工程材料, 2013 (6): 63~67.

[84] 吴国清, 张晓峰, 方亮, 等. 两体磨料磨损的三维动态模拟 [J]. 摩擦学学报, 2000, 20 (5): 360~364.

[85] 汪选国, 严新平, 李涛生, 等. 磨损数值仿真技术的研究进展 [J]. 摩擦学学报, 2004, 24 (2): 188~192.

[86] 向道平. 多种抗磨材料抗磨性能综合评价研究 [D]. 成都: 四川大学, 2004.

[87] 钟群鹏, 赵子华, 张峥. 断口学的发展及微观断裂机理研究 [J]. 机械强度, 2005, 27 (3): 358~370.

[88] Mahdi K, Kaveh M A, Farzad K. Effect of cryogenic treatment on microstructure mechanical and wear behaviors of AISI H13 hot work tool steel [J]. Cryogenics, 2011, 51 (4): 55~61.

[89] Gill S S, Harpreet S, Rupinder S, et al. Cryoprocessing of cutting tool materials—A review [J]. International Journal of Advanced Manufacturing Technology, 2010, 48 (1): 175~192.

[90] 黄世民. 冷处理及其在工业上的应用 [J]. 材料工程, 1992 (1): 47~51.

[91] 陈鼎, 黄培云, 黎文献. 金属材料深冷处理发展概况 [J]. 热加工工艺, 2001 (4): 57~59.

[92] Akhbarizadeh A, Shafyei A, Golozar M A. Effects of cryogenic treatment on wear behavior of D6 tool steel [J]. Materials and Design, 2009, 30 (29): 3259~3264.

[93] 黄根哲, 郭宝莲. LD 钢深冷处理的组织转变及疲劳断口 [J]. 金属热处理, 1992 (1): 27~31.

[94] 张平, 吴恩熙. 硬质合金深冷处理 [J]. 硬质合金, 2007, 24 (2): 96~98.

[95] 邱庆忠. 深冷处理技术在金属材料中的应用 [J]. 材料研究与应用, 2007, 1 (2): 150~153.

[96] 张茂勋, 何福善, 尤华平, 等. 深冷处理技术进展及应用 [J]. 机电技术, 2003, (S1): 60~62.

[97] Yong A Y L, Seah K H W, Rahman M. Performance evaluation of cryogenically treated

tungsten carbide tools in turning [J]. International Journal of Machine Tools & Manufacture, 2006, 46 (15): 2051~2056.

[98] Gill S S, Singh R, Singh H, et al. Wear behavior of cryogenically treated tungsten carbide inserts under dry and wet turning condition [J]. International Journal of Machine Tools & Manufacture, 2009, 49 (3-4): 256~260.

[99] Podgornik B, Majdic F, Leskovsek V. Improving tribological properties of tool steels through combination of deep-cryogenic treatment and plasma nitriding [J]. Wear, 2012, 288 (6): 88~93.

[100] 姜传海, 崔玉环. 低温循环过程中 SIC/6061AI 复合材料残余应力的变化规律 [J]. 金属热处理, 1999, 12 (3): 22~23.

[101] 陈荐. 低温处理对 $Al_2O_3 \cdot SiO_2/Al\text{-}10Si$ 复合材料断裂性能的影响 [J]. 金属热处理, 2001, 1 (2): 24~25.

[102] 李友生, 邓建新, 石磊. 高速切削加工钛合金的刀具材料 [J]. 高速加工与装备, 2007, 8 (3): 24~27.

[103] 曾志新, 李勇, 石常隽. 深冷技术在切削加工中的应用研究 [J]. 华南理工大学学报, 2002, 11 (30): 85~88.

[104] Chen L Q, Cui J J, Tong W P. Effect of deep cryogenic treatment and tempering on microstructure and mechanical behaviors of a wear-resistant austempered alloyed bainitic ductile iron [C]. MATEC Web of Conferences, EDP Sciences, 2015: 1~7.

[105] Panneerselvam S, Martis C J, Putatunda S K, et al. An investigation on the stability of austenite in Austempered Ductile Cast Iron (ADI) [J]. Materials Science and Engineering A, 2015, 626: 237~246.

[106] Cerah M, Kocatepe K, Erdogan M. Influence of martensite volume fraction and tempering time on tensile properties of partially austenitized in the ($\alpha + \gamma$) temperature range and quenched+ tempered ferritic ductile iron [J]. Journal of Materials Science, 2005, 40 (13): 3453~3459.

[107] Liu S F, Chen Y, Chen X, et al. Microstructures and mechanical properties of helical bevel gears made by Mn-Cu alloyed austempered ductile iron [J]. Journal of Iron and Steel Research, International, 2012, 19 (2): 36~42.

[108] Murakami S, Hayakawa K, Liu Y. Damage evolution and damage surface of elastic-plastic-damage materials under multiaxial loading [J]. International Journal of Damage Mechanics, 1998, 7 (2): 103~128.

[109] Kovacs B V. On the terminology and structure of ADI [J]. AFS Transaction, 1994, 102:

417~420.

[110] Nili Ahmadabadi M. Bainitic transformation in austempered ductile iron with reference to untransformed austenite volume phenomenon [J]. Metallurgical and Materials Transactions A, 1997, 28 (10): 2159~2173.

[111] 杨殿魁, 梁文心, 董天鹏. 合金元素对奥氏体-贝氏体型球墨铸铁组织和性能的影响 [J]. 钢铁研究学报, 2004, 16 (2): 56~62.

[112] Nasr El-Din H, Nofal A A, Ibrahim K M, et al. Ausforming of austempered ductile iron alloyed with nickel [J]. International Journal of Cast Metals Rearch, 2006, 19 (3): 137~150.

[113] Liu W Y, Qu J X, Liu F Y. A study of bainitic nodular cast iron for grinding balls [J]. Wear, 1997, 205 (1-2): 97~100.

[114] Eric O, Sidjanin L, Miskovic Z, et al. Microstructure and toughness of CuNiMo austempered ductile iron [J]. Materials Letters, 2004, 58 (22-23): 2707~2711.

[115] Peng Y C, Jin H J, Liu J H, et al. Effect of boron on the microstructure and mechanical properties of carbidic austempered ductile iron [J]. Materials Science and Engineering A, 2011, 529: 321~325.

[116] Tancret F. Thermo-Calc and Dictra simulation of constitutional liquation of gamma prime (γ') during welding of Ni base superalloys [J]. Computational Materials Science, 2007, 41 (1): 13~19.

[117] Askeland D R. Ciencia e Ingeniería de los Materiales [M]. Madrid: Ediciones Thomson Paraninfo, 2001: 238~246.

[118] 吴化, 姜颖, 尤申申, 等. 超级贝氏体组织中残余奥氏体的 TRIP 效应研究 [J]. 机械工程材料, 2014, 50 (22): 60~75.

[119] Cullity B D. Elements of X-ray Diffraction [M]. Addison-Wesley, Reading, MA, 1974: 411~412.

[120] Elalem K, Li D Y. Variations in wear loss with respect to load and sliding speed under dry sand/rubber wheel abrasion condition: a modeling study [J]. Wear, 2001, 250 (1-12): 59~65.

[121] Tanga X H, Chunga R, Li D Y, et al. Variations in microstructure of high chromium cast irons and resultant changes in resistance to wear, corrosion and corrosive wear [J]. Wear, 2009, 267: 116~121.

[122] Peet M J. Transformation and tempering of low-temperature bainite [D]. Cambridgeshire: University of Cambridge, 2010.

[123] Saha Podder A, Bhadeshia H K D H. Thermal stability of austenite retained in bainitic steels [J]. Materials Science and Engineering A, 2010, 527 (7-8): 2121~2128.

[124] 翟启杰, 陈迪林, 朱玉龙, 等. 贝氏体球墨铸铁中钒的形态 [J]. 钢铁研究学报, 2001, 13 (4): 50~52.

[125] 杨世能, 李生志, 孙锋, 等. 钒和铜对 11Cr-2W 低活化马氏体钢组织和高温力学性能的影响 [J]. 机械工程材料, 2015, 39 (1): 9~14.

[126] 刘克明, 王福明, 郝经伟, 等. 钒对中铬白口铸铁组织和性能的影响 [J]. 北京科技大学学报, 2004, 26 (6): 604~606.

[127] 李翼, 杨忠民. V 对高碳钢连续冷却时组织转变的影响 [J]. 金属学报, 2010, 46 (12): 1501~1510.

[128] 马永华, 孙玉福, 赵靖宇, 等. 钒对含碳化物等温淬火球墨铸铁组织及性能的影响 [J]. 铸造, 2011, 60 (8): 779~783.

[129] Capdevila C, Garcia C, Cornide J, et al. Effect of V precipitation on continuously cooled sulfur-lean vanadium-alloyed steels for long products applications [J]. Metallurgical and Materials Transactions A, 2011, 42: 3743~3751.

[130] 胡军, 杜林秀, 王万慧, 等. 590MPa 级热轧 V-N 高强车轮钢组织性能控制 [J]. 东北大学学报 (自然科学版), 2013, 34 (6): 820~823.

[131] Zhang Y P, Zhu J X, Wang Y Q, et al. Effect of silicon on producing ductile iron with complex structue of bainite and martensite [J]. Acta Metallurgica Sinica (English Letters), 1998, 11 (1): 25~28.

[132] Cardoso P H S, Israel C L, Strohaecker T R. Abrasive wear in austempered ductile irons: A comparison with white cast irons [J]. Wear, 2014, 313 (1-2): 29~33.

[133] Zhang J W, Zhang N, Zhang M T, et al. Rolling-sliding wear of austempered ductile iron with different strength grades [J]. Wear, 2014, 318 (1-2): 62~67.

[134] 王禹, 宋维锡, 韩其勇. 钒在铁素体球铁中的作用 [J]. 机械工程材料, 1993, 17 (2): 6~10.

[135] Magalhaes L, Martins R, Seabra J. Low-loss austempered ductile iron gears: experimental evaluation comparing materials and lubricants [J]. Tribology International, 2012, 46 (1): 97~105.

[136] Aslantas K, Tasgetiren S. A study of spur gear pitting formation and life prediction [J]. Wear, 2004, 257 (11): 1167~1175.

[137] Lefevre J, Hayrynen K L. Austempered materials for powertrain applications [J]. Journal of Materials Engineering and Performance, 2013, 22 (7): 1914~1922.

［138］ Straffelini G，Pellizzari M，Maines L. Effect of sliding speed and contact pressure on the oxidative wear of austempered ductile iron ［J］. Wear，2011，270 (9-10)：714~719.

［139］ Perez M J，Cisneros M M，Lopez H F. Wear resistance of Cu-Ni-Mo austempered ductile iron ［J］. Wear，2006，260 (7-8)：879~885.

［140］ Kumari U R，Rao P P. Study of wear behaviour of austempered ductile iron ［J］. Journal of Materials Science，2009，44：1082~1093.

［141］ Zimba J，Simbi D J，Navara E. Austempered ductile iron：an alternative material for earth moving components ［J］. Cement and Concrete Composites，2003，25 (6)：643~649.

［142］ Yang J H，Putatunda S K. Effect of microstructure on abrasion wear behavior of austempered ductile cast iron (ADI) processed by a novel two-step austempering process ［J］. Materials Science and Engineering A，2005，406 (1-2)：217~228.

［143］ Sahin Y，Erdogan M，Kilicli V. Wear behavior of austempered ductile irons with dual matrix structures ［J］. Materials Science and Engineering A，2007，444 (1-2)：31~38.

［144］ Li Z H，Li Y X. Evaluation of melt quality and graphite degeneration prediction in heavy section ductile iron ［J］. Metallurgical and Materials Transactions A，2005，36 (9)：2455~2460.

［145］ Rebasa N，Dommarco R，Sikora J. Wear resistance of high nodule count ductile iron ［J］. Wear，2002，253 (7-8)：855~861.

［146］ Balachandran G，Vadiraj A，Kamaraj M，et al. Mechanical and wear behavior of alloyed gray cast iron in the quenched and tempered and austempered conditions ［J］. Materials and Design，2011，32 (7)：4042~4049.

［147］ Uma T R，Simha J B，Murthy K N. Influence of nickel on mechanical and slurry erosive wear behaviour of permanent moulded toughened austempered ductile iron ［J］. Wear，2011，271 (9-10)：1378~1384.

［148］ 张逊，王乾，斯松华. 马氏体耐磨钢与贝氏体耐磨钢的组织及耐磨性能 ［J］. 热处理，2013，28 (4)：41~44.

［149］ Kutsov A，Taran Y，Uzlov K，et al. Formation of bainite in ductile iron ［J］. Materials Science and Engineering A，1999，273-275：480-484.

［150］ Rao P P，Putatunda S K. Comparative study of fracture toughness of austempered ductile irons with upper and lower ausferrite microstructures ［J］. Materials Science and Technology，1998，14 (12)：1257~1265.

［151］ Rao P P，Putatunda S K. Dependence of fracture toughness of austempered ductile iron on austempering temperature ［J］. Metallurgical and Materials Transactions A，1998，29 (12)：

3005~3016.

[152] Cakir M C, Bayram A, Isik Y, et al. The effects of austempering temperature and time onto the mechainability of austempered ductile iron [J]. Materials Science and Engineering A, 2005, 407: 147~153.

[153] Han J M, Zou Q, Barber G C, et al. Study of the effects of austempering temperature and time on scuffing behavior of austempered Ni-Mo-Cu ductile iron [J]. Wear, 2012, 290-291: 99~105.

[154] Kilicli V, Erdogan M. Effect of ausferrite volume fraction and morphology on tensile properties of partially austenitised and austempered ductile irons with dual matrix structures [J]. International Journal of Cast Metals Rearch, 2007, 20 (4): 202~214.

[155] Radulovic B, Bosnjak B. Effect of austenitising temperature on austempering kinetics of Ni-Mo alloyed ductile iron [J]. Materiali in Tehnologije, 2004, 38 (6): 307~312.

[156] Qi X W, Jia Z N, Yang Q X, et al. Effects of vanadium additive on structure property and tribological performance of high chromium cast iron hardfacing metal [J]. Surface and Coatings Technology, 2011, 205 (23-24): 5510~5514.

[157] Yang G W, Sun X J, Li Z D, et al. Effects of vanadium on the microstructure and mechanical properties of a high strength low alloy martensite steel [J]. Materials and Design, 2013, 50: 102~107.

[158] Krishnaraj D, Narasimham H, Seshan S. Studies of wear resistance of austempered ductile iron (ADI) using wet grinding type of wear test [J]. AFS Transaction. , 1992, 100: 105~112.

[159] Kovacs B V. Austempered ductile cast iron, facts and fiction [J]. Modern Casting, 1990, 36: 38~41.

[160] Kazemipour M, Shokrollahi H, Sharafi S. The influence of the matrix microstructure on abrasive wear resistance of heat-treated Fe-32Cr-4. 5C wt% hardfacing alloy [J]. Tribology Letters, 2010, 39 (2): 181~192.

[161] Chatterjee S, Pal T K. Wear behaviour of hardfacing deposits on cast iron [J]. Wear, 2003, 255 (1-6): 417~425.

[162] 崔君军, 陈礼清, 李海智, 等. 等温淬火低合金贝氏体球墨铸铁的回火组织与力学性能 [J]. 金属学报, 2016, 53 (7): 778~786.

[163] El-Baradie Z M, Ibrahim M M, El-Sisy I A, et al. Austempering of spheroidal graphite cast iron [J]. Materials Science, 2004, 40 (4): 523~528.

[164] Basso A D, Martínez R A, Sikora J A. Influence of austenitising and austempering temperatures on microstructure and properties of dual phase ADI Materials Science and Tech-

nology [J]. Materials science and Technology, 2007, 23 (11): 1321~1326.

[165] Erdogan M, Cerah M, Kocatepe K. Influence of intercritical austenitising, tempering time and martensite volume fraction on the tensile properties of ferritic ductile iron with dual matrix structure [J]. International Journal of Cast Metals Research, 2006, 19 (4): 248~253.

[166] Panda R K, Dhal J P, Mishra S C, et al. Effect of sodium silicate on strengthening behaviour of fly ash compacts [J]. International Journal of Current Research, 2012, 4 (2): 244~246.

[167] Bakhtiari R, Ekrami A. The effect of bainite morphology on the mechanical properties of a high bainite dual phase (HBDP) steel [J]. Materials Science and Engineering A, 2009, 525 (1-2): 159~165.

[168] 赵中魁, 孙清洲, 朱君贤. 较高温度等温淬火 (回火) 对球墨铸铁性能的影响 [J]. 金属热处理, 2002, 27: 29~32.

[169] Rashidi A M, Moshrefi-Torbati M. Effect of tempering conditions on the mechanical properties of ductile cast iron with dual matrix structure (DMS) [J]. Materials Letters, 2000, 45 (3-4): 203~207.

[170] 迟宏宵, 马党参, 王昌, 等. Cr8Mo2SiV 钢二次硬化机理的研究 [J]. 金属学报, 2010, 46 (10): 1181~1184.

[171] 张可, 雍岐龙, 孙新军, 等. 回火温度对高 Ti 微合金直接淬火高强钢组织及性能的影响 [J]. 金属学报, 2014, 50 (8): 913~920.

[172] 王立军, 蔡庆伍, 武会宾, 等. 回火温度对 1500MPa 级直接淬火钢组织与性能的影响 [J]. 北京科技大学学报, 2010, 32 (9): 1150~1156.

[173] 陈伟, 李龙飞, 杨王玥, 等. 过共析钢温变形过程中的组织演变 II 渗碳体的球化及 Al 的影响 [J]. 金属学报, 2009, 45 (2): 156~160.

[174] 刘庆冬, 刘文庆, 王泽民, 等. 回火马氏体中合金碳化物的 3D 原子探针表征 I 形核 [J]. 金属学报, 2009, 45 (11): 1281~1287.

[175] 朱晓东, 李承基, 章守华, 等. 高碳低合金钢中共析渗碳体微观结构的 TEM 研究 [J]. 金属学报, 1998, 34 (1): 31~38.

[176] Fridberg J, Hillert M. Ortho-pearlite in silicon steels [J]. Acta Metallurgica, 1970, 18: 1253~1260.

[177] Abedi H R, Fareghi A, Saghafian H, et al. Sliding wear behavior of a ferritic-pearlitic ductile cast iron with different nodule count [J]. Wear, 2010, 268 (3-4): 622~628.

[178] Slatter T, Lewis R, Jones A H. The influence of cryogenic processing on wear on the impact wear resistance of low carbon steel and lamellar graphite cast iron [J]. Wear, 2011, 271 (9-10): 1481~1489.

[179] Efremenko V G, Shimizu K, Noguchi T, et al. Impact-abrasive-corrosion wear of Fe-based alloys: Influence of microstructure and chemical composition upon wear resistance [J]. Wear, 2013, 305 (1-2): 155~165.

[180] Bensely A, Prabhakaran A, MohanLal D, et al. Enhancing the wear resistance of case carburized steel by cryogenic treatment [J]. Cryogenics, 2006, 45: 747~754.

[181] Baldissera P, Delprete C. Effects of deep cryogenic treatment on static mechanical properties of 18NiCrMo5 carburized steel [J]. Materials and Design, 2009, 30 (5): 1435~1440.

[182] Vadivel K, Rudramoorthy R. Performance analysis of cryogenically treated coated carbide inserts [J]. The International Journal of Advanced Manufacturing Technology, 2009, 42 (3): 222~232.

[183] Tabrett C P, Sare I R. Fracture toughness of high-chromium white irons: Influence of cast structure [J]. Journal of Materials Science, 2000, 35 (8): 2069~2077 .

[184] Firouzdor V, Nejati E, Khomamizadeh F. Effect of deep cryogenic treatment on wear resistance and tool life of M2 HSS drill [J]. Journal of Materials Processing Technology, 2008, 206 (1-3): 467~472.

[185] Šolić S, Cajner F, Panjan P. Influence of deep cryogenic treatment of high speed steel substrate on TiAlN coating properties [J]. Materialwissenschaft und Werkstofftechnik, 2013, 44 (12): 950~958.

[186] Šolić S, Cajner F, Leskovšek V. Effect of deep cryogenic treatment on mechanical and tribological properties of PM S390 MC high-speed steel [J]. MP Material Testing, 2012, 10: 688~693.

[187] Das D, Ray K K, Dutta A K. Influence of temperature of sub-zero treatments on the wear behaviour of die steel [J]. Wear, 2009, 267 (9-10): 1361~1370.

[188] Oppenkowsk A, Weber S, Theisen W. Evaluation of factors influencing deep cryogenic treatment that affect the properties of tool steels [J]. Journal of Materials Processing Technology, 2010, 210 (14): 1949~1955.

[189] Das D, Dutta A K, Ray K K. Influence of varied cryotreatment on the wear behavior of AISI D2 steel [J]. Wear, 2009, 266 (1-2): 297~309.

[190] Amini K, Akhbarizadeh A, Javadpour S. Investigating the effect of holding duration on the microstructure of 1. 2080 tool steel during the deep cryogenic heat treatment [J]. Vacuum, 2012, 86 (10): 1534~1540.

[191] Wang J, Xiong J, Fan H Y, et al. Effects of high temperature and cryogenic treatment on the microstructure and abrasion resistance of a high chromium cast [J]. Journal of Materials Pro-

cessing Technology, 2009, 209 (7): 3236~3246.

[192] Yang H S, Wang J, Shen B L, et al. Effect of cryogenic treatment on the matrix structure and abrasion resistance of white cast iron subjected to destabilization treatment [J]. Wear, 2006, 261 (10): 1150~1154.

[193] Baldissera P, Delprete D. Deep cryogenic treatment: a bibliographic review [J]. The Open Mechanical Engineering Journal, 2008, 2: 1~11.

[194] Tyshchenko A I, Theisen W, Oppenkowski A. Low-temperature martensitic transformation and deep cryogenic treatment of a tool steel [J]. Materials Science and Engineering A, 2010, 527 (26): 7027~7039.

[195] Thakur D, Ramamoorthy B, Vijayaraghavan L. Influence of different post treatments on tungsten carbide-cobalt inserts [J]. Materials Letters, 2008, 62 (28): 4403~4406.

[196] Xu X J, Xu W, Ederveen F H, et al. Design of low hardness abrasion resistant steels [J]. Wear, 2013, 301 (1-2): 89~93.

[197] Narayanaswamy B, Hodgson P, Beladi H. Comparisons of the two-body abrasive wear behaviour of four different ferrous microstructures with similar hardness levels [J]. Wear, 2016, 350-351: 155~165.

RAL · NEU 研究报告

（截至 2019 年）

No. 0001 大热输入焊接用钢组织控制技术研究与应用
No. 0002 850mm 不锈钢两级自动化控制系统研究与应用
No. 0003 1450mm 酸洗冷连轧机组自动化控制系统研究与应用
No. 0004 钢中微合金元素析出及组织性能控制
No. 0005 高品质电工钢的研究与开发
No. 0006 新一代 TMCP 技术在钢管热处理工艺与设备中的应用研究
No. 0007 真空制坯复合轧制技术与工艺
No. 0008 高强度低合金耐磨钢研制开发与工业化应用
No. 0009 热轧中厚板新一代 TMCP 技术研究与应用
No. 0010 中厚板连续热处理关键技术研究与应用
No. 0011 冷轧润滑系统设计理论及混合润滑机理研究
No. 0012 基于超快冷技术含 Nb 钢组织性能控制及应用
No. 0013 奥氏体−铁素体相变动力学研究
No. 0014 高合金材料热加工图及组织演变
No. 0015 中厚板平面形状控制模型研究与工业实践
No. 0016 轴承钢超快速冷却技术研究与开发
No. 0017 高品质电工钢薄带连铸制造理论与工艺技术研究
No. 0018 热轧双相钢先进生产工艺研究与开发
No. 0019 点焊冲击性能测试技术与设备
No. 0020 新一代 TMCP 条件下热轧钢材组织性能调控基本规律及典型应用
No. 0021 热轧板带钢新一代 TMCP 工艺与装备技术开发及应用
No. 0022 液压张力温轧机的研制与应用
No. 0023 纳米晶钢组织控制理论与制备技术
No. 0024 搪瓷钢的产品开发及机理研究
No. 0025 高强韧性贝氏体钢的组织控制及工艺开发研究
No. 0026 超快速冷却技术创新性应用——DQ&P 工艺再创新
No. 0027 搅拌摩擦焊接技术的研究
No. 0028 Ni 系超低温用钢强韧化机理及生产技术
No. 0029 超快速冷却条件下低碳钢中纳米碳化物析出控制及综合强化机理
No. 0030 热轧板带钢快速冷却换热属性研究
No. 0031 新一代全连续热连轧带钢质量智能精准控制系统研究与应用
No. 0032 酸性环境下管线钢的组织性能控制
No. 0033 海洋柔性软管用高强度耐蚀钢组织和性能研究
No. 0034 大线能量焊接用钢氧化物冶金工艺技术
No. 0035 高强耐磨合金化贝氏体球墨铸铁的制备与组织性能研究
No. 0036 热基镀锌线锌花质量与均匀性控制技术应用研究
No. 0037 高性能淬火配分钢的研究与开发
No. 0038 渗碳轴承钢的热处理工艺及组织性能

（2020 年待续）